Der Key Account Manager

Der Key Account Manager

Aufgaben, Werkzeuge und Erfolgsfaktoren

von

Hartmut Sieck

Verlag Franz Vahlen München

Das Motto von **Hartmut Sieck** lautet: „Top-Kunden begeistern". Er hat sich in den letzten zehn Jahren einen Namen als Experte für die Themen Key Account Management und Vertrieb im Business-to-Business-Umfeld gemacht. Hartmut Sieck ist Gründungsmitglied sowie Vorstand der *European Foundation for Key Account Management*.

ISBN 978 3 8006 5023 1

© 2016 Verlag Franz Vahlen GmbH,
Wilhelmstr. 9, 80801 München
Satz: Fotosatz Buck
Zweikirchener Str. 7, 84036 Kumhausen
Druck und Bindung: Beltz Bad Langensalza GmbH
Neustädter Str. 1–4, 99947 Bad Langensalza
Umschlaggestaltung: Ralph Zimmermann – Bureau Parapluie
Gedruckt auf säurefreiem, alterungsbeständigem Papier
(hergestellt aus chlorfrei gebleichtem Zellstoff)

Vorwort

„Ich gratuliere Ihnen ganz herzlich zu Ihrer neuen Position als Key Account Manager in unserem Unternehmen. Jetzt aber ran ans Werk, und entwickeln Sie unser Geschäft mit den Kunden. Wir zählen auf Sie!"

Kommt Ihnen diese Situation bekannt vor? Das passiert fast jeden Tag in Deutschland. Schnell wird man zum Key Account Manager ernannt und hat den Titel auf der Visitenkarte stehen. Doch spätestens am eigenen Schreibtisch stellt man sich dann oft die spannende Frage: *Was heißt das eigentlich für mich und meine Arbeit? Was soll ich denn jetzt wirklich anders machen?"* Leider verfügen nur wenige Unternehmen über ein Key Account Management (KAM)-Handbuch, aus dem klar hervorgeht, was ein professionelles und systematisches Vorgehen im KAM wirklich ausmacht. Häufig werden einem neuen Key Account Manager zu Beginn seiner Tätigkeit auch keine Seminare angeboten. Das Resultat: Jeder lebt am Ende seinen eigenen KAM-Ansatz und -Stil. Die einen machen so weiter, wie sie es aus ihrer Verkäuferposition heraus kennen. Andere hingegen versuchen das Thema etwas strategischer anzugehen, durchlaufen dabei aber eine lange Lernkurve, wie viele Key Account Manager vor ihnen.

Dieses Praxishandbuch soll Ihnen auf die wichtigsten Fragestellungen im Key Account Management kurze, griffige Antworten geben, damit Sie möglichst schnell einen komprimierten Überblick über das Key Account Management und den Werkzeugkasten eines Key Account Managers erhalten.

Sind Sie schon länger in der Position eines Key Account Managers? Dann können Sie dieses Handbuch nutzen, um Ihr eigenes Tun auf den Prüfstand zu stellen und zielgerichtet wichtige Kenntnisse aus dem Key Account Management schnell nachzuschlagen.

Die Antworten und Tipps in diesem Buch basieren auf meiner mehr als 14-jährigen Erfahrung als Berater und Trainer für das Key Account Management sowie als Key Account Manager und Leiter KAM.

Ich wünsche Ihnen viel Spaß und Erfolg mit diesem Buch.

Hartmut Sieck

P.S.: Hier noch einige Hinweise zu den verwendeten Begriffen in diesem Buch:

- **KAM** oder **Key Account Management** beschreibt ein Gesamtsystem von der Auswahl der Schlüsselkunden, über die Definition der Sonderleistungen für diese Kunden bis hin zu Fragen der Organisation, Werkzeuge und Steuerung.

- **Key Account** ist ein Kunde mit dem besonderen Status „Schlüsselkunde".

- **KA Manager** oder **Key Account Manager** ist die Person, die die Geschäftsbeziehung zu einem oder mehreren ausgewählten Key Account Kunden verantwortet.

Inhaltsverzeichnis

Key Account Management auf den Punkt gebracht

1

*„Wenn du Key Account Management vermeiden kannst,
dann tue es, denn ist jede Menge Arbeit damit verbunden!"*

Prof. Dr. Dirk Zupancic, KAM-Experte

1.1 Ist Key Account Management überhaupt wichtig?

Wahrscheinlich kennen Sie die berühmte 80/20-Regel, das berühmte Pareto-Prinzip. 20 Prozent der Kunden generieren 80 Prozent des Umsatzes. Die Konsequenz ist klar: Es gibt eine hohe Abhängigkeit von wenigen Kunden, die meist auch noch Konzerne sind. Der Ruf nach einem Key Account Management (KAM) ist damit nicht weit. Viele Automobilzulieferer wie auch Lieferanten aus dem Lebensmitteleinzelhandel sehen sich genau dieser Herausforderung gegenüber. Das Angenehme daran ist, dass diese Abhängigkeiten von wenigen Kunden meist auch im Unternehmen bekannt sind und somit jeder weiß, dass es für diese Kunden gilt, sich besonders ins Zeug zu legen.

Doch ist diese 80/20-Abhängigkeit der einzige Treiber für ein professionelles KAM? Die Antwort auf diese Frage lautet eindeutig: NEIN!

Schauen wir uns dazu einmal einige Veränderungen in mittelständischen Unternehmen und großen Konzernen an:

- Die Anzahl der in einer Kaufentscheidung involvierten Personen nimmt eher zu. In Konzernen sprechen wir teilweise von international aufgestellten Einkaufsgremien.
- Selbst der Mittelstand besteht heute meist aus mehreren Geschäftsbereichen, Produktionsstandorten oder Niederlassungen und ist in der Regel international aufgestellt. Kurzum: Die Komplexität auf Seiten des Kunden nimmt zu!
- Auf der anderen Seite schließen sich Unternehmen zu Einkaufskooperationen zusammen, um ihre Einkaufsmacht zu bündeln. Das reine Beziehungsmanagement zu dem einen Kunden genügt also nicht mehr.

- Entscheidungen werden teilweise beim Endkunden getroffen, die kaufmännische Geschäftsbeziehung besteht aber zwischen dem Lieferanten und seinem direkten Kunden. In der Automobilbranche werden beispielsweise Komponenten für Maschinen meist vom Automobilhersteller klar spezifiziert. Der Maschinenbauer „muss" dann diese Komponenten bei den spezifizierten Zulieferern zukaufen.

- Kunden setzen auf sogenannte Leadbuyer-Konzepte, bei denen ein Werk oder eine Niederlassung die Kaufentscheidung zentral für das gesamte Unternehmen trifft. Der Haken: dieses Unternehmen kann irgendwo auf der Welt sein!

- Gleichzeitig gibt es noch einen Zentraleinkauf. Ohne Listung durch diesen Zentraleinkauf dürfen viele Zulieferer gar nicht erst in ernsthafte Gespräche mit dem Leadbuyer eintreten.

Erkennen Sie sich und Ihr Unternehmen in einigen dieser Aussagen wider?

Internationalität und Komplexität sind die neuen Treiber für ein Key Account Management. Oder anders ausgedrückt: Es gibt bereits heute eine ganze Reihe von Unternehmen, die ein professionelles KAM für Kunden umsetzen, mit denen sie lediglich 10 bis 15 % ihres Gesamtumsatzes generieren. Ein überregionales, internationales oder auch globales Key Account Management wird zum Schlüssel für den Erfolg bei vielen Kunden! Und damit wird auch klar, dass die gute alte 80/20-Regel nicht mehr der alleinige Grund für ein professionelles KAM ist.

Damit entsteht eine neue und interessante Herausforderung: Die Transparenz über die Wichtigkeit dieser ausgewählten, strategischen Kunden ist nicht mehr automatisch gegeben. Für Sie als Key Account Manager stellt sich damit die Frage, wie Sie es schaffen, den Rest Ihres Unternehmens von der Bedeutung eines Key Accounts zu überzeugen, sodass Sie angemessen unterstützt werden?

? Coachingfragen

- Was sind in Ihrem Unternehmen die Treiber für ein Key Account Management?
- Was tun Sie als Key Account Manager oder auch Leiter KAM, um die Bedeutung Ihrer Key Account Kunden im Unternehmen transparent zu machen?

1.2 Was steckt hinter dem Key Account Management?

„KAM bedeutet, die limitierten Unternehmensressourcen auf die wichtigsten strategischen Kunden zu fokussieren. Das heißt auch, dass Sie bereit sein müssen, andere Kunden zu diskriminieren!"

Hartmut Sieck

Kunden diskriminieren? Ich kann mir gut vorstellen, dass sich bei dieser Vorstellung dem einen oder anderen Leser die Nackenhaare aufstellen, da das Wort „diskriminieren" so gar nicht mit den heutigen Compliance-Regeln zusammengeht. Aber im Kern geht es genau darum! Einige Kunden werden aufgrund ihrer Bedeutung bevorzugt oder anders behandelt!

Trotzdem sei an dieser Stelle noch eine korrekter Definition des KAM von *Belz, Müllner, Zupancic* erwähnt: *„Key Account Management analysiert aktuell oder potenziell bedeutende Schlüsselkunden des Unternehmens systematisch, wählt aus ihnen aus und bearbeitet sie wirksam. Dafür werden im Unternehmen die Voraussetzungen in Strukturen, Führung und Ressourcen aufgebaut und weiterentwickelt."*[1]

Was unterscheidet nun ein „Visitenkarten Key Account Management" von einem KAM, wie es hier definiert wurde? Hier vier wichtigen Eckpunkte aus beiden Definitionen zusammengefasst:

---

[1] *Belz, Müllner, Zupancic* (2014), „Spitzenleistungen im Key Account Management", 3. Auflage.

1. Die Rede ist von **Schlüsselkunden** (Key Accounts), besser noch „**Strategic Key Accounts**". Wir sprechen also nicht von „Large Accounts" beziehungsweise Großkunden. Die ausgewählten Accounts haben eine hohe strategische Bedeutung, was nicht unbedingt gleichzusetzen ist mit einem großen Umsatzvolumen! Damit werden auch indirekte Kunden oder andere wichtige, einflussreiche Spieler im Markt zu potenziellen Key Accounts.

2. Es geht um **heutige und zukünftig bedeutende Schlüsselkunden.** Hier steckt bereits die erste Herausforderung für vielen Unternehmen. Viele Key Account Manager fokussieren sich viel zu häufig auf die großen Kunden vom letzten Jahr. Kunden mit einem großen Umsatzvolumen können die Key Accounts von morgen bleiben. Doch denken Sie an Nokia, Blackberry, Karstadt, BenQ und viele mehr. Das sind (waren) Unternehmen, die vor wenigen Jahren noch die Stars im Kundenuniversum waren. Das Umfeld vieler Unternehmen, gerade für die aus dem Technologiebereich, ist aber enorm volatil geworden. Idealerweise sollten Sie deshalb die Liste Ihrer Key Accounts regelmäßig überprüfen. Das kann beispielsweise im Rahmen einer Budgetdiskussion oder auch bei der Überarbeitung der Vertriebsstrategie erfolgen.

3. Es handelt sich um einen **systematischen Ansatz!** Im Vertrieb geschieht vieles intuitiv oder aufgrund von Erfahrung. Das genügt aber nicht. Professionelles KAM ist reproduzierbar, systematisch. Damit verbunden sind Werkzeuge (wie den Key Account Plan), klare Aufgaben- und Rollenverteilungen im KAM-Team sowie eindeutige Prozessbeschreibungen.

4. **KAM ist ein Unternehmensansatz!** Der Key Account Manager wird üblicherweise dem Vertrieb zugeordnet. Doch KAM geht über den rein vertrieblichen Fokus hinaus. Auch jenseits vom Vertrieb werden besondere Dienstleistungen für Key Accounts definiert. Beispiel: Im Rechnungswesen werden Zahlungserinnerungen erst nach Rücksprache mit dem Key Account Manager versendet.

Professionelles Key Account Management lässt sich meines Erachtens in acht Schlüsselgebiete unterteilen (siehe Abbildung 1).

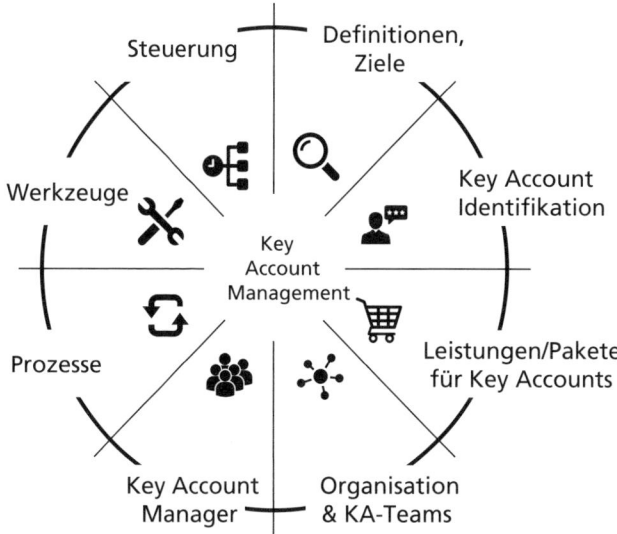

Abbildung 1: Key Account Management Exzellenz Modell

- Ziele, Definitionen: Was wollen Sie mit dem KAM in Ihrem Unternehmen erreichen? Welche Begriffe werden verwendet?
- Key Account-Identifikation: Nach welchen Kriterien werden die Key Accounts ausgewählt? Wie häufig wird die Liste der Schlüsselkunden einer Überprüfung unterzogen?
- Leistungen/Pakete: Welche (besonderen) Leistungen werden für Key Accounts erbracht, die andere Kunden nicht erhalten?
- Organisation & Key Account-Teams: Wo ist das KAM in der Unternehmensorganisation verankert? Wer gehört zum Key Account-Team, und wie sind Rollen und Verantwortlichkeiten im Team verteilt?
- Key Account Manager: Wie sieht seine Stellenbeschreibung aus? Welche Karriere- und Weiterbildungsmöglichkeiten gibt es? Wie werden Key Account Manager ausgewählt und vergütet?
- Prozesse: Welche KAM-spezifischen Unternehmensprozesse gibt es? Zum Beispiel: internationale Budgetabstimmungen für Key Accounts.
- Werkzeuge: Mit welchen Instrumenten arbeitet der Key Account Manager, um seine Kunden analysieren und eine Account-Strategie systematisch erarbeiten zu können?

- Steuerung: Wie wird das KAM und der Key Account Manager im Unternehmen gesteuert?

? Coachingfragen

- Wie wird Key Account Management in Ihrem Unternehmen definiert?
- Welches Ziel verfolgt es?
- Was macht einen Kunden in Ihrem Unternehmen zu einem Key Account?
- Wo sehen Sie persönlich drei Stärken und drei Potenzialbereiche von Ihrem unternehmensspezifischen KAM Ansatz?

1.3 Key Account Management und Flächen-vertrieb – ein Vergleich

Die meisten Key Account Manager arbeiteten zuvor im klassischen Vertrieb (Regional- oder Produktvertrieb). Worin unterscheidet sich nun das Vorgehen im KAM von der früheren Aufgabe im Flächenvertrieb? Hier einige Aspekte im Überblick.

Weniger Kunden

Im Flächenvertrieb haben Verkäufer eine Verantwortung für ein Gebiet. Damit verbunden sind nicht selten 300, 500 oder bis zu 800 Kunden. Spitzenverkäufer betreiben meist auch schon ein schlankes KAM, indem sie sich beispielsweise fragen: Wer sind im nächsten Jahr meine Top 5-(Potenzial)Kunden? Im KAM ändert sich die Welt, und Sie können Sie sich auf wenige Key Accounts fokussieren. In der Praxis sind häufig einige KA-Manager leider auch noch für eine gewisse Anzahl von Nicht-Key Accounts verantwortlich. Das hat nicht selten zur Konsequenz, dass der echte KA-Kunde nicht mehr die Aufmerksamkeit erhält, die notwendig wäre, um dort das volle Potenzial abzuschöpfen. Und sobald Sie als Key Account Manager für 20 bis 30 Key Accounts verantwortlich sind, sollten Sie sich beginnen zu fragen, ob es hier wirklich noch um KAM gehen kann?

Bessere Kundenkenntnis und strategisches Vorgehen

Wenn wir im Flächenvertrieb die Verantwortung für einige hundert Kunden haben, dann können wir uns mit einzelnen Kunden natürlich nicht mehr so intensiv befassen. Dass Ihre Kenntnis über sie deshalb nur oberflächlich sein kann, verwundert nicht. Das Vorgehen im Flächenvertrieb ist taktisch und reaktiv. Im KAM ist es genau umgekehrt!

Weniger Zeit beim Kunden

Im Flächenvertrieb verbringen w ir viel Zeit mit den Kunden. Es gilt die alte Weisheit: Ein Verkäufer gehört zum Kunden! Im KAM dreht sich plötzlich die Welt. Nicht selten verbringt ein globaler KA-Manager 60-70 % seiner Zeit mit internen Fragestellungen und Prozessen.

Individuelles Vorgehen

Im klassischen Verkauf bedienen wir unsere Kunden meistens mit standardisierten Produkten, ein „One fits all"-Ansatz. Vom Management kommen klare Vorgaben, wie viel Stücke eines Produkts in einem Jahr und Gebiet abzusetzen sind. In der Idealwelt des Key Account Managements gilt es, neue Geschäftschancen und -potenziale beim Kunden aktiv zu erkennen und ins eigene Unternehmen zurückzuspielen. Daraus können sich individuelle Lösungen oder ganz neue Angebote entwickeln.

Teamansatz

Key Account Management ist immer ein Teamansatz. Im Flächenvertrieb können auch „einsame Vertriebswölfe" sehr erfolgreich sein. Im KAM dagegen sind Einzelgänger klar zum Scheitern verurteilt (siehe auch den Abschnitt „Rolle 3: Teamleiter eines virtuelles Teams").

Mittel- bis langfristiger Ansatz

Im klassischen Vertrieb sind Umsatz, Absatz und Deckungsbeitrag die drei Kennzahlen, die unser Leben bewegen. Das gilt natürlich auch für das KAM! Liegt der Fokus im Vertrieb auf kurzfristige Erfolge, auf Monatszahlen, auf Quartalsergebnisse und Jahresbudgets, so spielt im Key Account Management dagegen der Blick auf mittel- bis langfristige Entwicklungen eines Kunden eine viel größere Rolle, da sich schnelle Erfolge insbesondere bei größeren und komplexeren Kunden meist nicht schnell einstellen!

Coachingfragen

- Worin unterscheidet sich der KAM-Ansatz in Ihrem Unternehmen vom klassischen Verkauf?
- Sind diese Unterschiede allen im Unternehmen klar?
- Wie können Sie sich noch stärker vom Verkäufer zum Key Account Manager hin entwickeln?

1.4 Sind KAM und Großkundenmanagement dasselbe?

Sie kennen sicher die Monitore in der Empfangshalle von Unternehmen, die einem kurz über das Unternehmen und deren Produkte informieren. Als ich zu einem potenziellen Kunden kam, schaute ich mir diese Präsentationen etwas genauer an und entdeckte folgende Aussage: *„Hier unser Key Account Management-Team, welches sich um unsere Großkunden kümmert?"*. Sind KAM und Großkundenmanagement wirklich identisch?

Lassen Sie uns einen Fall aus der Praxis anschauen. Ein Unternehmen vertreibt seine Produkte in einem Land über Großhändler. Dabei lassen sich zwei Typen von Großhändlern unterscheiden:

Großhändler vom Typ 1:

- National aufgestellt mit mehreren regionalen Büros, die auch selbstständig über Marketingaktionen entscheiden können.
- Viele Vertriebsmitarbeiter.
- UND eine starke Position im Markt. Das heißt, dass dieser Typ 1 einen starken Einfluss auf die Kaufentscheidung seiner Kunden hat.

Großhändler vom Typ 2:

- National aufgestellt, alle Entscheidungen werden aber zentral (vom Vertriebsleiter des Großhändlers) getroffen.
- Wenig Vertriebsmitarbeiter, dafür starke Online-Präsenz.
- UND eine sehr schwach ausgeprägte Position im Markt. Hier könnte man davon sprechen, dass der Typ 2 die Distribution übernimmt. Nicht mehr, nicht weniger!

Muss ein Unternehmen für diese beiden Typen wirklich den gleichen Vertriebs- und Bearbeitungsansatz wählen? Sie vermuten wahrscheinlich richtig, eher nein. Worin unterscheiden sich die beiden Ansätze?

Typ 1 (dezentral, starke Marketingposition)	Typ 2 (zentral, schwache Marketingposition)
Kunde hat hohe strategische Bedeutung, da man mit ihm Dinge im Markt platzieren oder auch bewegen kann.	Kunde ist gegebenenfalls groß im Umsatz, aber strategisch weniger bedeutsam.
Senior Management ist stärker in die Interaktionen mit dem Großhändler involviert.	Senior Management ist weniger stark und selten involviert.
Hoher Koordinationsaufwand notwendig, da die Vertriebsbüros des Großhändlers selbstständig Marketingaktionen umsetzen können. Vermutlich benötigen wir daher eine starke Vernetzung zwischen dem Key Account Manager und dem Flächenvertrieb.	Geringer Koordinationsaufwand. Entscheidungen werden zentral getroffen.
Viele Zusatzleistungen im Bereich Marketing sind interessant und wichtig für den Erfolg.	Wenige Zusatzleistungen notwendig, da eher reine Distribution.
Mehrwerte lassen sich über diesen Großhändler leichter zum Endkunden transportieren. Höhere Preise sind somit eher durchsetzbar.	Hohe Preistransparenz und geringer Beratungseinfluss des Großhändlers werden tendenziell eher zu einer hohen Vergleichbarkeit führen.
➜ KEY ACCOUNT MANAGEMENT	➜ GROSSKUNDEN-MANAGEMENT

Hier wird deutlich, dass KAM und Großkundenmanagement zwei unterschiedliche Ansätze sind, die leider viel zu häufig über einen Kamm geschoren werden. Für den Typ 2 wäre ein KAM-Ansatz viel zu mächtig und würde Sie am Ende wahrscheinlich Marge kosten. Hier genügt eine sehr schlanke zentrale Bearbeitung des Kunden aus. Die komplexere Entscheidungsstruktur von Typ 1 zwingt uns dagegen schon eher dazu, den Kunden intensiver zu verstehen, Marketingaktionen gezielt und strukturiert beim und mit dem Kunden zu planen und umzusetzen. Mehr Serviceleistungen beim Training der Vertriebsmitarbeiter des Großhändlers werden notwendig und zielführend sein. Kurzum: Typ 1 ist komplexer UND strategisch bedeutsamer als Typ 2.

Coachingfragen

- Unterscheiden Sie im Unternehmen bewusst zwischen KAM und Großkundenmanagement?
- Wenn Sie für verschiedene Kundentypen (Key Account, Großkunde und ggf. noch einige kleinere Accounts) verantwortlich sind, worin unterscheidet sich Ihr Ansatz für diese Kundengruppen?

 Buchtipps zum Thema Key Account Management:

- *Hartmut Sieck*, Key Account Management: Wie Sie erfolgreich KAM im Mittelstand oder im global agierenden Konzern einführen und professionell weiterentwickeln.
- *Christian Belz, Markus Müllner, Dirk Zupancic*, Spitzenleistungen im Key Account Management: Das St. Galler KAM-Konzept.

Der Key Account Manager

2

„Ein guter Verkäufer verbringt 80 % seiner Zeit beim Kunden.
Ein guter Global Key Account Manager verbringt durchaus
80 % seiner Zeit intern!"

Nun aber zu Ihnen, dem Hauptakteur in diesem Buch. Welche sind die wichtigsten Aufgaben oder Rollen eines Key Account Managers? Was unterscheidet einen erfolgreichen von einem weniger erfolgreichen Key Account Manager? Welche Fähigkeiten benötigt sie oder er? Mit diesen Fragen werden wir uns im Folgenden näher auseinandersetzen.

In der Praxis haben sich fünf Kernrollen bei jedem Key Account Manager herauskristallisiert, unabhängig davon, ob Sie als KA-Manager im Konsumgüter-, Investitionsgüter- oder Dienstleistungsbereich tätig sind.

2.1 Rolle 1: Der Verkäufer

Eine Aufgabe verbindet alle Menschen im Vertrieb, nämlich den Kunden in seiner Kaufentscheidung zu begleiten, ihn professionell zu beraten und möglichst dahin zu führen, sich am Ende für das Produkt oder die Dienstleistung Ihres Unternehmens zu entscheiden.

Dabei geht es im Kern darum, alle Phasen eines klassischen Verkaufsprozesses systematisch zu durchlaufen.

Was unterscheidet aber den Key Account Manager in seiner Verkäuferrolle von einem „normalen" Verkäufer im Flächenvertrieb? Dazu finden Sie hier sechs konkrete Beispiele aus der Praxis:

1. **Höhere Komplexität**
Die Entscheidungsprozesse bei Key Account-Kunden sind meist komplexer als im Flächenvertrieb, was sich unter anderem in der Anzahl der auf beiden Seiten des Verkaufsprozesses involvierten Personen widerspiegelt.

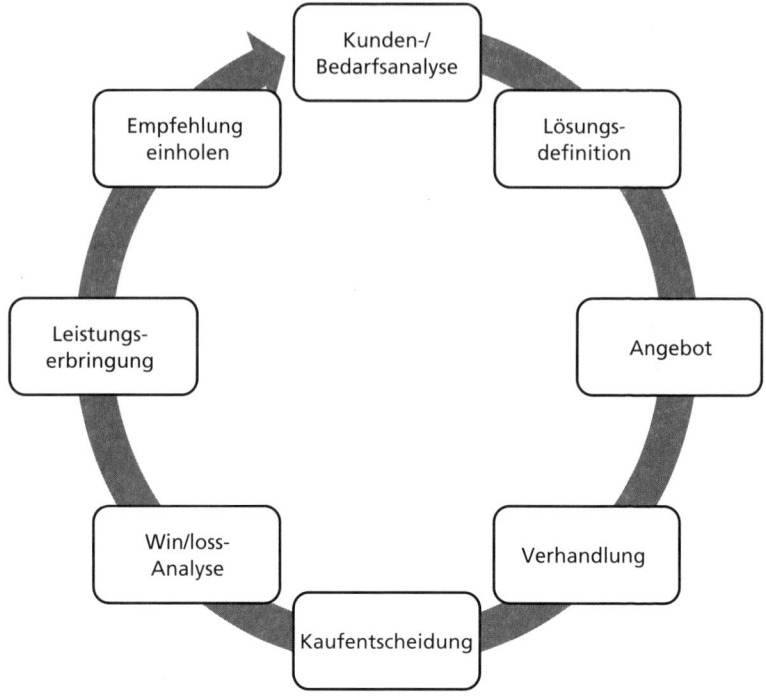

Abbildung 2: Verkaufsprozess

2. Strategisches Vorgehen

Sie kennen sicherlich die Frage „Akquise- oder Verkaufsstrategie"? Hand aufs Herz: Haben Sie sich wirklich immer eine Akquisestrategie überlegt, sobald Sie eine Kundenanfrage erhalten haben? Eine Anfrage kommt, ein Kundentermin wird wahrgenommen und anschließend ein konkretes Angebot versendet. Dann wird noch kräftig gebetet ... Der Auftrag kommt ... oder eben nicht! Im klassischen Vertrieb bewegen wir uns meistens taktisch von einem zum nächsten Schritt. Aufgrund der steigenden Kundenkomplexität im Key Account Management reicht diese Vorgehensweise aber nicht mehr aus!

3. Ergebnis nicht immer direkter Umsatz

Im klassischen Verkauf machen wir Geschäfte direkt mit den Kunden. Damit lässt sich auch der Erfolg direkt am Umsatz ablesen. Im KAM gilt das zunächst einmal genauso. Handelt es sich bei den Key Accounts aber um indirekte

Kunden, so verfolgen wir das Ziel, dass dieser die eigenen Produkte in seine Spezifikation aufnimmt, ja vielleicht sogar exklusiv vorschreibt. Im letzteren Fall hätte ein Verarbeiter gar keine andere Wahl, als Ihr Produkt zu verbauen. Sich ausschließlich am Umsatz mit dem Verarbeiter zu orientieren, wäre also viel zu kurzsichtig.

4. **Angebote und Verhandlungen auf einem anderen „Niveau"**
Angebote sind im KAM sehr häufig in englischer Sprache abzugeben oder es gilt, innerhalb internationaler Rahmenverträge zu verhandeln. Es werden auch Kooperationsverträge für gemeinsame Produktentwicklungen verhandelt, die gerade in Bezug auf das Thema Rechtemanagement und Patente Konfliktpotenzial haben! Kurzum: Die Komplexität und auch die Herausforderungen sind etwas höher.

5. **Win/loss-Analyse**
Haben Sie sich schon einmal die Frage gestellt, warum Ihr Kunde eigentlich mit Ihnen und Ihrem Unternehmen Geschäfte macht? Im Flächenvertrieb stellt sich diese Frage aus Zeitgründen meistens nicht. Auch klassische CRM-Lösungen fordern uns nur im Negativfall auf, einen Grund dafür anzugeben, warum wir dieses oder jenes Projekt nicht realisieren konnten. Im KAM verfolgen wir dagegen einen langfristig angelegten Ansatz. Wie wollen Sie das Geschäft mit einem Kunden weiter ausbauen, wenn Sie nicht wissen, was dieser an Ihnen schätzt?

6. **Ein längerer Zeithorizont**
Zu guten Letzt hier noch ein entscheidender Unterschied zwischen einem klassischen Verkauf und dem Verkauf im KAM. Das Key Account Management ist mittel- bis langfristig ausgerichtet. Daher hat der nächste „Deal" nicht immer die höchste Priorität, sondern es gilt, den Kunden nachhaltig zu entwickeln (so zumindest die Theorie).

Coachingfragen

- Was zeichnet Ihre Rolle als Verkäufer im KAM aus?
- Was machen Sie anders als Ihre Kollegen im Regional- oder Produktvertrieb?
- Wo können Sie persönlich Ihre Verkäuferkompetenzen noch weiter ausbauen?

2.2 Rolle 2: Der Beziehungsmanager

Beziehungsfähig zu sein, stellt sicherlich eine der Kernkompetenzen im professionellen Key Account Management dar. Soweit herrscht Einigkeit. Aber was zeichnet ein professionelles Beziehungsmanagement eigentlich aus? Das Verständnis und die Umsetzung in die Praxis fallen dabei sehr unterschiedlich aus. Bereits hier entscheidet sich häufig, wer zu den guten Key Account Managern zählen wird.

Zum besseren Verständnis von Beziehungen schauen wir uns drei verschiedene Beziehungsmodelle etwas genauer an.

Modell 1: 1 zu 1-Ansatz

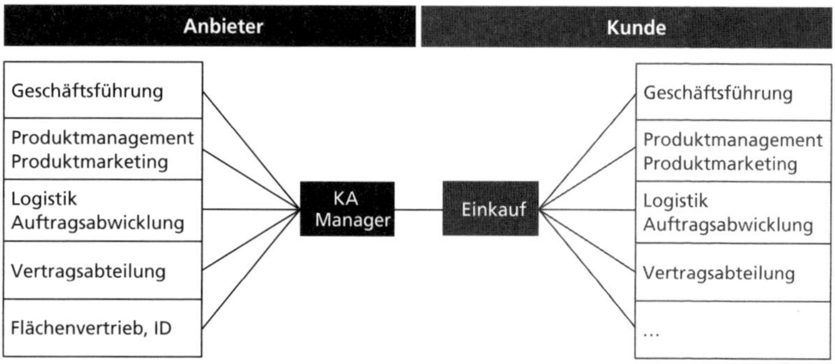

Abbildung 3: 1 zu 1-Beziehungsmodell

Bei diesem Modell wird das Anbieterunternehmen gegenüber dem Kunden durch den Key Account Manager repräsentiert. Die gesamte Kommunikation läuft sprichwörtlich über den Schreibtisch des Key Account Managers. Die Kundenseite wird ebenfalls durch einen Ansprechpartner repräsentiert. Das kann beispielsweise der Einkauf sein. Es wäre aber auch denkbar, dass eine Fachabteilung Ansprechpartner des Key Account Managers ist.

Vorteil	Nachteil
• Wenn beide Ansprechpartner über eine hohe Entscheidungskompetenz verfügen, können viele Dinge schnell in die Umsetzung gebracht werden.	• Sind die beiden sich nicht sympathisch, wird es schwierig mit dem Geschäft. • Geht einer der beiden Ansprechpartner, ist das gesamte Geschäft in Gefahr. • Der Einkäufer wird immer das „stille Post" Spiel spielen und Informationen aus dem Kundenunternehmen filtern! • Da alles für den Schreibtisch vom KA Manager und Einkäufer läuft werden auch beide zu einem Engpass.

Früher hat man beim Key Account Management gerne vom *„One face to the customer"*-Ansatz gesprochen. Dieser wird zwar beim 1 zu 1-Beziehungsmodell umgesetzt, aber ansonsten ist es für ein professionelles KAM nicht tragbar! Stellen Sie sich die Art und Weise der Kommunikation zwischen den Ansprechpartnern vor, sobald sich diese nicht sympathisch sind.

Modell 2: 1 zu n-Ansatz

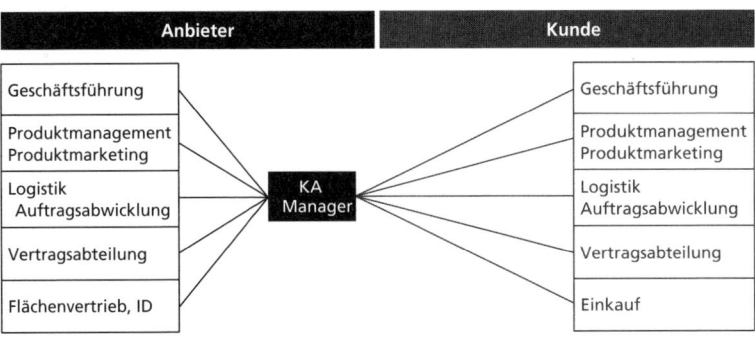

Abbildung 4: 1 zu n-Beziehungsmodell

Bei diesem Modell wird das Anbieterunternehmen gegenüber dem Kunden wiederum durch den Key Account Manager repräsentiert. Anders als beim 1 zu 1-Ansatz versucht der Key Account Manager hier, ein breites Beziehungsnetz innerhalb des Kundenunternehmens aufzubauen. Er pflegt viele Kontakte zu unterschiedlichen Abteilungen und auf unterschiedlichen Ebenen. Dieses Modell entspricht dem Selbstverständnis von vielen Key Account Managern! Sie sehen es als ihre Aufgabe, das eigene Beziehungsnetzwerk in den Kunden hinein kontinuierlich auszubauen und zu pflegen. Ist das falsch? Schauen wir uns einmal die Vor- und Nachteile des 1 zu n-Modells an:

Vorteil	Nachteil
• Den „Stille Post"-Faktor aus dem 1 zu 1-Ansatz gibt es nicht mehr. Der Key Account Manager kann sich Informationen aus verschiedenen Abteilungen des Kunden beschaffen. • Das Beziehungsnetz wird stabiler. Zumindest führt ein Wechsel auf der Kundenseite nicht sofort zu einem möglichen Geschäftsverlust.	• Verlässt der Key Account Manager das Unternehmen, ist das gesamte Geschäft in Gefahr. • Da alles über den Schreibtisch des Key Account Managers läuft, bleibt er ein Engpass. • Der Key Account Manager kann noch so gut ausgebildet und erfahren sein, er wird niemals der bestmögliche Ansprechpartner für alle Abteilungen und Hierarchiestufen beim Kunden sein! • Da der Key Account Manager der einzige Ansprechpartner ist, kann er selbst keine Vorgesetzten oder andere Kollegen als weitere Informationsquelle oder mögliche Eskalationsstufe nutzen!

Das 1 zu n-Beziehungsmodell ist besser als der 1 zu 1-Ansatz. Es ist aber noch nicht die beste Lösung. Die Nachteile wiegen immer noch zu schwer! Und ob Sie es wollen oder nicht, es entspricht auch nicht der Praxis.

Modell 3: n zu n-Ansatz

Das ist die Realität: Insbesondere bei Key Account-Kunden gilt, dass unterschiedliche Fachabteilungen und Hierarchiestufen des eigenen Unternehmens mit dem des Kunden in Kontakt, ja vielleicht sogar in Beziehung standen und stehen! Da der Kunde so wichtig ist, wird es auch immer wieder Treffen auf Managementebene geben. Fachabteilungen, wie die Logistik, der Kundenservice oder die Buchhaltung, sind zumindest regelmäßig im telefonischen Kontakt. Und zu guter Letzt gibt es ja auch noch die Innendienstkolleginnen und -kollegen sowie möglicherweise den Flächenvertrieb, der den Kunden vor Ort betreut. Kurzum: Viele Menschen reden mit vielen Menschen!

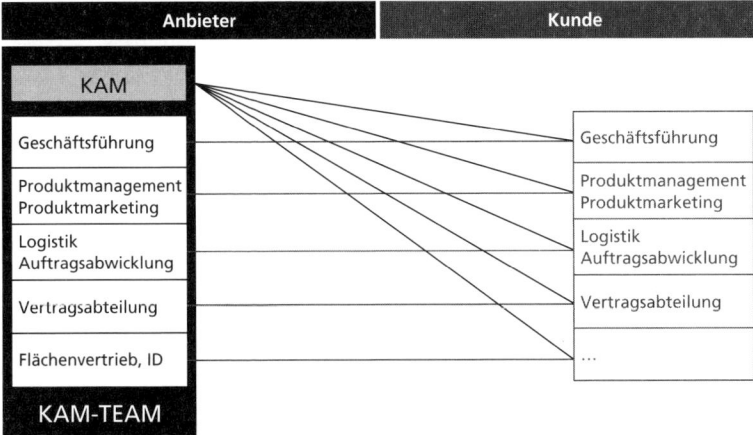

Abbildung 5: n zu n-Beziehungsmodell

Vorteil	Nachteil
• Ein sehr starkes Beziehungsgeflecht auf unterschiedlichen Ebenen, welches den Wechsel von einzelnen Ansprechpartnern auf beiden Seiten gut verkraftet kann. • Es fällt leichter, die wirklich wichtigen und echten Informationen aus den Fachabteilungen des Kunden zu erhalten. • Aufgrund der vielen Beziehungen auf unterschiedlichen Ebenen, können Punkte auch mal gezielt „eskaliert" werden.	• Erfolgen die Gespräche unkoordiniert, kann beim Kunden auch schnell der Eindruck entstehen, dass „die linke Hand nicht weiß, was die rechte gerade macht".

Fazit: Wie schon erwähnt, gibt es zu diesem Modell eigentlich gar keine wirkliche Alternative. Die Frage ist nur, ob die Kommunikation zwischen den beiden Unternehmen gesteuert wird oder völlig unkoordiniert abläuft!

Und damit kommen wir zum modernen Bild von Key Account Management. Aus *„One face to the customer"* wird *„One consistent message to the customer!"*. Es gilt also eine konsistente Botschaft, eine gleiche Strategie gegenüber dem Kunden zu vertreten. Aus diesem Modell ergeben sich für Sie als Key Account Manager zwei entscheidende Konsequenzen:

1. Sie sind für das gesamte Beziehungsnetz zwischen Ihrem Unternehmen und dem Kunden verantwortlich. Oder anders ausgedrückt: Wenn Sie diese Beziehungsnetz nicht steuern, macht es keiner!
2. Herzlichen Glückwunsch: Sie sind gerade Teamleiter geworden. Sie führen ein sogenanntes „virtuelles KA-Team". Und ich lege für Sie heute noch ein Angebot oben drauf: Sie führen dieses Team in der Regel ohne disziplinarische Macht! (mehr dazu im nächsten Kapitel).

Sie steuern das Beziehungsnetz zwischen den beiden Unternehmen!

Aufgrund der hohen Bedeutung des Kunden findet in der Regel einmal im Jahr ein sogenanntes Jahres- oder Strategiegespräch statt, welches idealerweise auf Managementebene durchgeführt wird. Wenn sich nun zwei (Senior-)Manager einmal getroffen haben, entsteht dadurch dann eine tragfähige Beziehung? Die Antwort lautet ganz klar: NEIN! Was ist also wichtig für eine derartige Beziehung? Neben Sympathie ist es vor allem eine höhere Frequenz der Treffen.

Gute Key Account Manager erarbeiten deshalb für sich und ihr Management einen Beziehungsplan auf Jahresbasis:

• Wann findet eine Messe statt, auf der mein Kunde mit seinem Management vertreten ist?
• Zu welchen Ihrer Veranstaltungen können wiederum Kunden eingeladen werden?
• Welche weiteren Anlässe gibt es, auf denen das Senior-Management Ihres Kunden vertreten sein wird?

Das Ergebnis:

Ansprech-partner beim Kunden	Q1	Q2	Q3	Q4
Max Müller (Bereichs-leiter)	Strate-gisches Jahres-gespräch	Messe in Hannover	Einwei-hung der 50. Filiale des Kun-den	Anruf mit Danksa-gung für das abge-laufene Jahr

Der Bereichsleiter Max Müller ist auf der Kundenseite ein wichtiger Ansprechpartner auf Senior Management-Ebene. Der Key Account Manager identifiziert im eigenen Unternehmen eine Person auf vergleichbarer Ebene wie Max Müller und sorgt dafür, dass sich beide Personen „scheinbar zufällig" (mehrmals) treffen. Somit trägt der Key Account Manager dafür Sorge, dass beide Ansprechpartner sukzessiv eine tragfähige Beziehung aufbauen, die in kritischen Fällen auch belastbar ist.

Wie eine halbe Stunde das Beziehungsnetzwerk stärken kann

Bei einem meiner Kunden moderierte ich einen Innovations-workshop. Eingeladen waren neben Mitarbeitern des Unternehmens auch wichtige Kollegen des Key Accounts. Die Veranstaltung sollte eigentlich um 9 Uhr starten. Der Key Account Manager kam dann aber auf die Idee, den Workshop eine halbe Stunde früher beginnen zu lassen. Zu dieser Uhrzeit könnten auch die Mitarbeiter des Innendienstes teilnehmen, sodass sich die Innendienstkräfte und die Mitarbeiter des Kundenunternehmens, die sich vornehmlich nur über Telefon oder per E-Mail austauschten, persönlich kennenlernen konnten. 30 Minuten halfen, dass die Ansprechpartner auf beiden Seiten plötzlich ein Gesicht mit ihrem Austausch verbinden. Die Beziehung wurde wieder ein Stück weiter gestärkt!

? Coachingfragen

- Agieren Sie heute schon als echter Beziehungsmanager zwischen den Unternehmen oder verstehen Sie Beziehungsmanagement eher so, dass Sie Ihre eigenen Beziehungen in den Kunden kontinuierlich weiter ausbauen?
- Was können Sie bezogen auf das BeziehungsMANAGEMENT noch besser machen?

2.3 Rolle 3: Teamleiter eines virtuelles Teams

Im Rahmen der Rolle als Beziehungsmanager haben wir bereits gesehen, dass Key Account Management immer ein Team-Ansatz ist. Die entscheidende Frage dabei ist, ob alle Spieler als ein Team oder nur für sich, die eigenen Ziele verfolgend, agieren. Die Praxis zeigt, dass es am Ende drei Erfolgsfaktoren gibt, die die Umsetzung des Teamgedankens fördern:

1. Alle Teammitglieder haben gemeinsame Ziele!
2. Der Key Account Manager führt das Team (ggf. auch ohne disziplinarische Macht)!
3. Aufgaben und Verantwortlichkeiten im Team sind klar definiert!

Bevor wir diese drei Erfolgsfaktoren etwas mehr im Detail beleuchten, sei hier noch ein kleiner, aber wichtiger Punkt erwähnt:

Im Key Account Management wird häufig zwischen einem Kernteam und einem erweiterten Team unterschieden. Die Mitglieder des Kernteams verbindet, dass sie einen signifikanten Teil ihrer Arbeitszeit für einen Kunden aufwenden. In diesem Kernteam gibt es dementsprechend auch einen intensiven Informationsaustausch. Im erweiterten Team finden sich die Mitarbeiter, die selten oder auf Projektbasis in die Kundeninteraktion involviert sind. Typische Beispiele dafür sind Vertreter aus der Rechtsabteilung oder aus dem Topmanagement. Der Informationsaustausch im erweiterten Team erfolgt punktuell und wird durch ein projektspezifisches Thema getrieben.

Wer gehört in das Account Team?

Um das Kernteam zu definieren, hat sich in der Praxis ein dreistufiges Vorgehen bewährt:

Schritt 1: Ziele festlegen

Ein Beziehungsgeflecht zu Ihrem Kunden ermöglicht es Ihnen, mit den richtigen Personen zu reden, um möglichst viel Geschäft mit dem Kunden zu generieren und ihn möglichst lang an Ihr Unternehmen zu binden. Dazu müssen Sie zunächst kurz-, mittel- und langfriste Ziele festlegen. Der strategische Key Account Plan unterstützt Sie bei dieser Aufgabe.

Schritt 2a: Notwendige Funktionen

Welche Funktionen aus Ihrem Unternehmen benötigen Sie, um die festgelegten Ziele zu erreichen? Welche Funktionen werden benötigt, um die Leistungserbringung gegenüber dem Kunden sicherzustellen?

Schritt 2b: Bestehende Beziehungen

Schauen Sie sich die bereits bestehenden Beziehungen zwischen einzelnen Personen Ihres und des Kundenunternehmens an und nutzen Sie diese.

Schritt 2c: Menschliche Faktoren

Jetzt gilt es, die eher anonymen Funktionen in real existierende Namen von Mitarbeitern aus Ihrem Unternehmen zu übersetzen. In den meisten Fällen wird eine Funktion nur von einem Mitarbeiter ausgefüllt. Sollten Sie die „Wahl" zwischen mehreren Kollegen haben, dann berücksichtigen Sie den folgenden Aspekt: Die Mitglieder eines Account Teams sollen mit Ansprechpartnern bei Ihrem Kunden eine Beziehung aufbauen und pflegen. Beziehen Sie deshalb Kriterien wie hierarchische Position, Ausbildung, Charakter oder Hobbies der Ansprechpartner in die Auswahl der Mitglieder für das Account Team ein.

Schritt 3a und 3b: Kern- und erweitertes Team definieren

Jetzt gilt es noch festzulegen, wer intensiv in die Kundeninteraktion involviert ist und somit zum Kernteam gehört. Es gibt keine Regel, die Ihnen diese Entscheidung abnehmen kann. Erfahrungsgemäß sollten die Mitglieder des Kernteams aber mindestens 20 bis 30 Prozent ihrer Arbeitszeit für einen Kunden aufbringen. Alle anderen Mitglieder gehören dann zum sogenannten „erweiterten Team". Im Kernteam wird anschließend ein intensiver Informationsaustausch gepflegt. Dieses Team sollte auch gemeinsam den Key Account Plan erstellen. Beim erweiterten Key Account Team steht dagegen eine projektbezogene Kommunikation im Vordergrund.

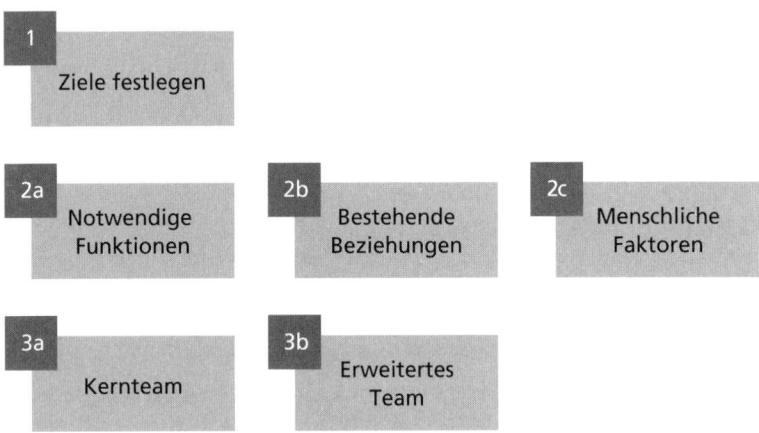

Abbildung 6: Key Account Team systematisch zusammenstellen

Nun ist das Account Team bestimmt bzw. es gibt immerhin eine Liste mit Namen darauf. Von einem Team kann aber noch keine Rede sein! Wie Sie aus einer Namensliste ein erfolgreiches Key Account Team aufbauen, wird deshalb in den nächsten Abschnitten dargestellt.

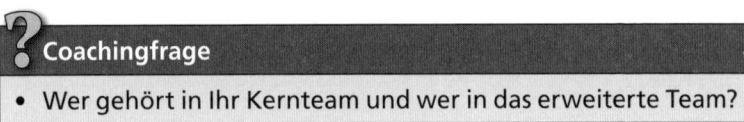

Coachingfrage

• Wer gehört in Ihr Kernteam und wer in das erweiterte Team?

Erfolgsfaktor 1: Alle Teammitglieder haben gemeinsame Ziele!

Sobald in Ihrem Unternehmen der n zu n-Ansatz für die Pflege der Beziehung zu den Kunden verwendet wird, ergeben sich die Notwendigkeit, dass die Mitglieder eines Key Account Teams gemeinsam für einen Kunden arbeiten und sich auf gemeinsame Ziele zu fokussieren. Allein im Zusammenspiel zwischen Key Account Manager und Innendienst ergeben sich beispielsweise folgende Ansätze:

1. Gemeinsame oder getrennte Führung der Key Account Manager und des Innendiensts. Unterstehen beide derselben Führungskraft, so gibt es in der Praxis weniger Reibungsverluste!
2. Unabhängig von der organisatorischen Implementierung haben alle Teamspieler gemeinsame Teamziele!
3. Räumliche Nähe: In einem Unternehmen sitzen beispielsweise jeweils zwei Key Account Manager und zwei Innendienstkräfte in einem Büro. Besser kann der Informationsaustausch fast nicht organisiert werden. Zudem sind gegenseitige Vertretungen jederzeit möglich.
4. Key Account Manager und Innendienst haben nicht nur gemeinsame Ziele, es gibt auch einen gemeinsamen Teambonus! Dieser Punkt ist nicht zu unterschätzen. Ziele und Vergütung sind nicht immer zwei Seiten einer Medaille. Bei Key Account Managern bedeutet das Erreichen bestimmter Ziele in der Regel mehr Geld. Bei vielen Innendienstkräften bedeutet das dagegen häufig nur ein „Danke, du hast dein Ziel erreicht!". Auf Dauer fördert eine derartige Ungleichbehandlung nicht die Zusammenarbeit im Team!

Coachingfrage

- Welche Rahmenbedingungen existieren in Ihrem Unternehmen, die signalisieren, dass ein gemeinsames Handeln erwünscht ist (räumliche Nähe, gemeinsame Ziele, Bonus für alle)?

Erfolgsfaktor 2: Der Key Account Manager führt das Team

Key Account Management ist ein Teamansatz. In der Praxis finde ich allerdings sehr häufig zwei unterschiedliche Typen von Key Account Managern: die erfolgreichen, die ihre Rolle des Leiters eines virtuellen Teams aktiv aufgreifen und die, die lieber allein vor sich hin arbeiten und ab und zu auf die Unterstützung der Kollegen hoffen. Nicht nur beim Führungsstil, auch im Verhalten gibt es Unterschiede: Draußen beim Kunden sind sie die charmanten, hilfsbereiten Verkäufer. Immer gut gelaunt und mit einem Lächeln auf dem Gesicht. Intern hingegen hat der Key Account Manager die Erwartungshaltung, dass die anderen Abteilungen ihn und seinen Kunden aktiv unterstützen MÜSSEN. Und wenn das nicht geschieht, eskaliert die Situation.

Woher kommen eigentlich diese sehr unterschiedlichen Verhaltensweisen eines Key Account Managers? Meistens kommt er aus dem klassischen Flächenvertrieb. Hier war er verantwortlich für 100, 500, 800 Kundennummern. Geführt wurde er auch über die Kennzahl „Anzahl der Kundentermine" – „Der Verkäufer muss schließlich draußen beim Kunden sein!" Diese Aussage ist solange völlig in Ordnung, bis man zum Key Account Manager befördert wird. Ein globaler Key Account Manager im Investitionsgüterbereich verbringt durchaus 60 bis 70 % seiner Arbeitszeit INTERN! Leider wird dieser Unterschied nicht jedem Key Account Manager beim Wechsel vom Flächenvertrieb zum KAM so deutlich mitgeteilt.

Was machen erfolgreiche Key Account Manager nun anders? Hier eine kleine Auswahl aus der Praxis:

- **Erfolge gemeinsam feiern**
  Das mag in Ihren Ohren selbstverständlich klingen, aber die Praxis zeigt ein anderes Bild! Wann haben Sie als Key Account Manager das letzte Mal Ihrem Innendienst oder den Kollegen aus dem Kernteam „Danke" gesagt? Gründe dafür gibt es meistens täglich! Es kann der neue Rahmenvertrag oder die Fertigstellung und Übergabe eines wichtigen Angebotes sein. Gründe zu feiern gibt es immer! Ich habe leider während meiner aktiven Zeit auch viel zu selten Gebrauch

davon gemacht. Jedoch, wer gemeinsam mit seinem Team Erfolge feiert, ist erfolgreicher!

- **Teammitglieder aktiv beim Kunden einbinden**
Erfolgreiches Teammanagement hat immer mit Wertschätzung zu tun. Wertschätzung kann ich durch ein „Danke" ausdrücken, ich kann sie aber auch indirekt erzeugen. Weiter vorn habe ich in einem Beispiel beschrieben, wie ein Key Account Manager aktiv seine Innendienstkollegen einbezogen hat und ihnen vor Beginn des Workshops Gelegenheit gab, mit dem Kunden persönlich zu sprechen. Das Gleiche wird durch eine aktive Mitreise zu Kundenterminen ermöglicht.

- **Menschen involvieren, anstatt ihnen Dinge vorzugeben**
Bei welcher Ausgangslage würden Sie dieses Buch bewusster lesen und anschließend auch Ideen daraus umsetzen?
a) Ihr Chef drückt Ihnen dieses Buch mit dem Kommentar in die Hand: „Müller, lesen Sie mal das Buch, damit Sie Ihren Job endlich gut machen!".
b) Ihr Chef sagt zu Ihnen: „Müller, was könnten wir 2017 in unserem Key Account Management verändern, um noch erfolgreicher zu sein?". Vielleicht hilft uns ja dieses Buch, neue Ideen zu finden.
Die Antwort fällt eindeutig aus, oder? Im Key Account Management verhält es sich genauso:
  – Sie sind für die internationale Budgetplanung 2017 verantwortlich. Machen Sie diese allein oder laden Sie sich die wichtigsten Vertreter der Landesgesellschaften ein, um gemeinsam die Potenziale zu ermitteln?
  – Erstellen Sie einen Key Account Plan und geben die Ergebnisse Ihrem Team vor oder laden Sie Ihr Kernteam ein, gemeinsam die Kundenentwicklungsstrategie 2017 und damit den Key Account Plan zu erarbeiten.

- **Sich fragen, welche Ziele Ihre Mitarbeiter verfolgen bzw. erreichen müssen**
Idealerweise verfolgt das Kernteam gemeinsame Ziele, die sich konkret auf Ihren Key Account Kunden beziehen. Im erweiterten Team sieht das durchaus anders aus. Erfolgreiche Key Account Manager nutzen eine Herangehensweise,

die sie täglich bei Ihrem Kunden anwenden und sich leicht auf alle Teammitglieder übertragen lässt: Was treibt einen Menschen eigentlich an? Welche Ziele verfolgt er? Was steht in seiner Bonusvereinbarung? Kurzum: Wie kann ich meinen Mitarbeiter dabei unterstützen, seine Ziele zu erreichen? Diese Fragestellung ist im Verkauf beim Kunden selbstverständlich. Intern stellen sich leider nur weniger Key Account Manager diese Frage.

- Wir tun uns unheimlich schwer damit, einen Zugang zu einer anderen Person zu bekommen. Das liegt unter anderem daran, dass man zu wenig über einen internen Ansprechpartner weiß? Die Farbenlehre und die Lebensmotive nach Steven Reiss können Ihnen helfen, Ihre Mitarbeiter besser einschätzen zu können. Außerdem sind beide Techniken sehr hilfreich im Verkauf. Sie schlagen also gleich zwei Fliegen mit einer Klappe.

a) Viele Unternehmen nutzen die **Farbenlehre**, um die Persönlichkeitstypen der Ansprechpartner zu beschreiben:
  - Rot: Fakten-orientiert und eher extrovertiert
    Zielorientiert, eher machtbewusst, auf den Punkt kommend
  - Blau: Fakten-orientiert und eher introvertiert
    Experten in ihrem Bereich, zuverlässig
  - Grün: Menschen-orientiert und eher introvertiert
    Teamplayer, Beziehung, Loyalität
  - Orange: Menschen-orientiert und eher extrovertiert
    Begeistert, innovativ, weniger strukturiert, lösungsorientiert

  Jeder Mensch hat in der Regel zwei Farbbereiche, die stärker ausgeprägt sind. Adressieren wir unsere Ansprechpartner entsprechend ihrer Persönlichkeit, werden wir eher erfolgreich sein.

b) Professor Dr. Steven Reiss hat Mitte der 1990er Jahre seine Theorie der 16 Lebensmotive vorgestellt. Dazu gehören die Motive:
  - Macht
  - Unabhängigkeit
  - Neugier
  - Anerkennung

- Ordnung
- Sparen
- Ehre
- Idealismus
- Familie
- Status
- Rache
- Romantik
- Ernährung
- Körperliche Aktivität
- Ruhe
- Bequemlichkeit

Am Ende treibt jeden von uns etwas anderes an. Wer sich aber mehr Gedanken über seine Ansprechpartner macht, wird am Ende den Schlüssel finden, um eine nachhaltige Beziehung zu dieser Person aufbauen zu können.

> **Bring doch mal Schokolade mit**
> Ein Key Account Manager hatte das Gefühl, dass er nicht zu 100 % von einer Kollegin aus dem Engineering unterstützt wird. Er nahm seinen ganzen Mut zusammen und sprach die Kollegin darauf an. Sie antworte auf seine Frage eher im Scherz „Bring doch mal Schokolade mit!". Sie ahnen es bereits. Er tat es und erzeugte bei ihr ein Schmunzeln. Seitdem steht die Kollegin zu 100 % hinter dem Key Account Manager.

- **Die Bedeutung eines Kunden im Unternehmen darstellen**
  Für Sie ist Ihr Key Account Kunde das Wichtigste auf der Welt. Zumindest hoffe ich das. Sie kennen die Bedeutung Ihres Kunden für Ihr Unternehmen. Aber Hand aufs Herz: Sind Sie sich sicher, dass alle anderen Bereiche des Unternehmens sich dieser Bedeutung ebenfalls bewusst sind? Wenn ich im Rahmen eines Key Account Management Audits Ansprechpartner in verschiedenen Abteilungen eines Unternehmens die Frage nach den wichtigsten Key Accounts im Unternehmen stelle, erhalte ich sehr häufig die Antwort: Weiß ich nicht. Oder die Antworten variieren sehr stark voneinander. Daher der Tipp: Machen Sie intern Werbung für Ihren Kunden und Sie werden mehr Unterstützung aus den Fachbereichen erhalten.

? Coachingfragen

- Wann haben Sie sich zuletzt bei Ihren Teammitgliedern für Ihre Unterstützung bedankt?
- Was unternehmen Sie, damit Ihre Teammitglieder aktiv in Entscheidungsprozesse einbezogen werden, sie Teil einer Lösung werden?
- Was wissen Sie über Ihre Teammitglieder (Zielvereinbarungen, Charakter, Interessen …)?
- Was tun Sie, um in Ihrem Unternehmen Werbung für die Bedeutung Ihres Key Accounts zu machen?

Erfolgsfaktor 3: Aufgaben und Verantwortlichkeiten im Team sind klar definiert!

Kennen Sie die folgende Aussage? TEAM steht für „Toll Ein Anderer Macht's". Im Key Account Management kommen in diesem Zusammenhang häufig zwei unterschiedlichen Situationen vor:

1. **Kein anderer macht's**
   Keiner fühlt sich für eine Aufgabe verantwortlich, weil jeder glaubt, ein anderer im Team macht es schon. Wer ist beispielsweise für das Beziehungsmanagement zu einem globalen Kunden verantwortlich? Das ist doch klar, meinen einige: Das macht der (Global) Key Account Manager. Häufig ist er aber nur Ansprechpartner für das Headquarter des Kunden. Die Beziehungen zu den Topmanagern in den einzelnen Ländern werden schon die Account Manager vor Ort regeln. So hofft man zumindest …

2. **Das ist nicht deine Aufgabe**
   Macht und Unabhängigkeit sind zwei Lebensmotive, die uns häufig im KAM begegnen. In der Fläche fühlen sich die Vertreter durch das KAM eingeschränkt und versuchen durch gezielte Aktionen, sich mehr Gehör zu verschaffen. Oder der globale Key Account Manager vereinbart mit dem Kunden einen globalen Rahmenvertrag. Sein Kollege in China fühlt sich daran aber gar nicht gebunden und macht dem Kunden vor Ort sein eigenes Angebot, welches natürlich nicht konform mit dem Rahmenvertrag ist!

Abhilfe schafft hier eine klare Vereinbarung über die Verantwortlichkeiten im Team. Viele Unternehmen setzen dabei auf die sogenannte RACI-Technik, welche Sie ohne Probleme in Ihrem Team anwenden können:

- R = Responsible – Wer erledigt diese Aufgabe?
- A = Accountable – Wer ist letztendlich verantwortlich? Wer entscheidet?
- C = Consulted – Wer muss vor der finalen Entscheidung konsultiert werden?
- I = Informed – Wer muss nach einer Entscheidung informiert werden?

Im Team werden jetzt die wichtigsten Aufgaben (die erste Spalte in der folgenden Tabelle) GEMEINSAM ausgearbeitet und bestimmt, wer welche Rolle für welche Aufgabe übernimmt.

Aufgabe	Globaler Key Account Manager	Nationaler Key Account Manager	Management	Innendienst
Globaler Rahmenvertrag	R	C	A	I
Globales Beziehungsmanagement	R/A	C	–	–
Nationale Angebote basierend auf Rahmenvertrag	I	R/A	A bei Angebotswert > x€	I

Und so können Sie diese Tabelle lesen:

Globaler Rahmenvertrag: Die Ausarbeitung wird vom Global Key Account Manager vorangetrieben. Er ist dafür RESPONSIBLE. Er hat dafür zu sorgen, dass ein Rahmenvertrag ausgearbeitet wird. Die nationalen Key Account Manager müssen für die Ausarbeitung konsultiert (CONSULTED) werden, um regionalen Besonderheiten in den Rahmenvertrag einfließen lassen zu können. Aufgrund der Bedeutung des Rahmenvertrags darf ihn nur das Management unterschreiben und trifft damit die endgültige Entscheidung. Das Management wird

somit ACCOUNTABLE. Der Innendienst wird nach Vertrags-
abschluss über die Ergebnisse informiert. Er erhält daher ein
INFORMED.

Meine Empfehlung ist, dass Sie diese Tabelle mit Ihrem Key
Account Team gemeinsam ausarbeiten. Alternativ können
diese Regeln auch ein einziges Mal zentral im Unternehmen
festgelegt werden. Allerdings haben Sie dann wieder den Nach-
teil, dass es sich um Vorgaben handelt, hinter dem nicht jedes
Teammitglied unbedingt persönlich stehen muss.

> **Coachingfrage**
>
> • Wurden die Aufgaben, Rollen und Verantwortlichkeiten in
>   Ihrem Key Account Team klar definiert?

2.4 Rolle 4: Informationsmanager

Auf den ersten Blick handelt es sich hier um eine klassische
„Das passiert so nebenbei"-Rolle. Der Teufel steckt allerdings
im Detail. Denn im Kern geht es bei dieser Rolle darum,
wichtige Informationen des eigenen Unternehmens bei den
relevanten Ansprechpartnern beim Kunden zu platzieren und
Informationen vom Kunden zu den richtigen Kollegen im
eigenen Unternehmen weiterzuleiten. Für die tägliche Praxis
scheint das ziemlich unspektakulär. Es wundert deshalb nicht,
dass sich viele Key Account Manager der hohen Bedeutung
ihres Informationsmanagements nicht bewusst sind:

• **Gezielte Informationsplanung in Richtung des Kunden**
  Bei der Beschreibung der Rolle des Beziehungsmanagers
  haben wir bereits gesehen, dass erfolgreiche Key Account
  Manager einen proaktiven Beziehungsplan auf Monats- oder
  Quartalsbasis entwickeln: Wer sollte wann und bei welcher
  Gelegenheit mit wem sprechen und eine Beziehung aufbau-
  en? Die gleiche Fragestellung sollten Sie sich im Zusammenhang mit dem Informationsmanagement stellen: Was mache
  ich, damit die wichtigsten Ansprechpartner meines Kunden
  regelmäßig Informationen aus unserem Hause erhalten?

Eine große Unternehmensberatung war in der Vergangenheit stark im Bereich IT-Consulting aktiv, möchte aber zukünftig die strategisches Beratung ausbauen und sich dort beim Kunden positionieren. Der Kunde kennt das Unternehmen also „nur" aus der IT-Beratung. Möchten Sie mittelfristig eine andere Wahrnehmung beim Kunden erreichen, braucht es einen guten, proaktiven Kommunikationsplan, um die Wahrnehmung des Kunden Stück für Stück zu verändern. Analog zum Beziehungsmanagement könnten Sie also wieder eine einfache Informations-/Kommunikationsplanung auf Quartalsbasis aufsetzen:

Ansprech-partner beim Kunden	Q1	Q2	Q3	Q4
Max Müller (Bereichs-leiter)	Artikel aus dem Manager Magazin versenden	Referenz-geschichte als Brief aufberei-ten und zur Ver-fügung stellen	Treffen mit unserem Partner Max Meier. Aufzeigen vom erwei-terten Skill Set	Weih-nachtsge-schenk mit Verbin-dung zur Strategie-beratung versenden

- **Wie stelle ich einen kontinuierlichen Informationsfluss im Team sicher?**
  Diese Frage ist von sehr hoher Bedeutung im Informationsmanagement! Ein wichtiges Instrument ist dabei der regelmäßige Austausch im Team, wobei die Betonung auf regelmäßig liegt. Die Häufigkeit hängt dabei sehr stark von den Veränderungen auf der Kundenseite, vom Reifengrad sowie von der Komplexität des Geschäftes ab. Hier ein Beispiel des Informationsaustauschs eines Kunden aus dem Handelbereich:

Q1	Es findet ein internationales Vertriebsmeeting statt. Am letzten Tag der Veranstaltung treffen sich die Key Account Teams persönlich.
Q2	Informationsaustausch mittels Telefon- /Internetkonfe-renz.

Q3	Es gibt pro Account einen Key Account Plan-Workshop, um die Potenziale für das nächste Geschäftsjahr zu identifizieren und die Ergebnisse direkt in die Budgetplanung (Start August/September) einfließen zu lassen.
Q4	Informationsaustausch mittels Telefon- /Internetkonferenz.

Es ist ratsam, dass sich das Kernteam mindestens einmal im Jahr persönlich trifft. Eine Telefon- oder Videokonferenz ist gut geeignet, um aktuelle Projekte und Milestones effizient zu besprechen. Wollen Sie dagegen eine detaillierte Kundenanalyse durchführen, braucht es das persönliche Treffen! *Tipp:* Informationen lassen sich heute so einfach per Mausklick verschicken. Aber gleichzeitig stöhnt jeder Mitarbeiter über die große Anzahl von E-Mails. Verschicken Sie deshalb Informationen immer so, dass es für den oder die Empfänger möglichst einfach und komfortabel ist. Sie könnten beispielsweise den Monatsbereich an Ihre Teammitglieder mit wenigen Worten einleiten: „@Alfred: Auf Seite 2 vom Monatsbericht findest du weitere Informationen zu dem neuen Serviceleiter beim Kunden. Das könnte für dich interessant sein!". Das mag mehr Arbeit für Sie sein, aber auf mittlere Sicht werden Sie mehr Unterstützung aus Ihrem Team erhalten, als die Kollegen, die einfach auf einen Information Overload setzen!

- **Informationen vom Chef einholen**
  Wenn alles perfekt läuft werden Sie auch vom Top-Management Ihres Unternehmens proaktiv auf dem Laufenden gehalten. Falls nicht, gilt es, diese Informationen aktiv einzufordern.

- **Informationsablage, aber wo?**
  Bei der Menge an Informationen, die unseren Arbeitsalltag heute begleiten, wird es immer wichtiger, wie Sie Dokumente und Information ablegen, so dass Sie und Ihr Team jederzeit darauf zugreifen können. Einige Kunden nutzen dazu ihr CRM-System. Dadurch werden alle Information zu einem Kunden sowie die dazugehörigen Projekte an einem Ort zentral abgelegt. Leider haben nicht immer alle Mitarbeiter Zugriffsrechte auf das CRM-System. Zudem

haben gerade zahlreiche global operierende Unternehmen auch heute noch mehrere Systeme parallel im Einsatz. Zwei Tipps können Ihnen aber helfen, den Überblick über Ihre Informationen zu wahren:

1. Verwenden Sie immer eine einheitliche Ablagestruktur für alle Key Accounts. Das macht vor allem das Leben für die Teammitglieder leichter, die in mehreren Teams gleichzeitig arbeiten. Beispiel:
Hauptordner Kundenname
– Unterordner Key Account Plan
– Unterordner Verträge
– Unterordner Wettbewerb
– …
2. Stimmen Sie untereinander ab, wer welche Informationen einsehen darf. Manchmal kann es hilfreich sein, wenn nicht jede internationale Einheit Einblick in Ihre Zahlen erhält.

- **Bekanntheit des Key Accounts gezielt ausbauen**
Ich hatte bereits erwähnt, wie wichtig es ist, die Bekanntheit und Bedeutung Ihres Key Accounts innerhalb Ihres Unternehmens voranzutreiben. Sie sollten deshalb überlegen, in welchen Abteilungen Sie Ihren Kunden wann und wie vorstellen und bekannter machen können. Vernachlässigen Sie diese Aufgaben, wird auch nichts passieren. Wenn Sie sich nicht darum kümmern, macht es niemand!

Coachingfragen

- Gibt es einen Plan, wie Sie Ihren Kunden mit Informationen aus Ihrem Unternehmen versorgen möchten?
- Wie stellen Sie einen regelmäßigen Informationsaustausch mit Ihrem Team sicher?
- Wie kommen Sie an relevante Informationen aus dem Top-Management heran?
- Wie archivieren Sie Ihre Daten und stellen sicher, dass alle Teammitglieder Zugriff auf die Daten haben?
- Ist Ihr Kunde in Ihrem Unternehmen bekannt?

2.5 Rolle 5: Strategieplaner und -umsetzer

Sie sind als Key Account Manager für das Geschäft Ihres Unternehmens mit einem Key Account verantwortlich. Das heißt, es gehört zu Ihren Aufgaben, den Kunden kontinuierlich auf Herz und Nieren zu überprüfen, um Geschäftspotenziale, aber auch Risiken frühzeitig zu erkennen. Kombiniert mit einer Wettbewerbsanalyse können Sie kurz-, mittel- und langfristige Geschäftsziele ableiten sowie eine Kundenentwicklungsstrategie ausarbeiten. Genau dieses zu tun und anschließend auch die Strategie umzusetzen beziehungsweise den Status der Umsetzung kontinuierlich zu überprüfen, bildet den Kern Ihrer fünften Rolle: der Key Account Manager als Strategieplaner und -umsetzer.

Der Key Account Plan (oder Kundenentwicklungsplan) bildet das zentrales Werkzeug für diese Rolle. Ausführlicher zum Aufbau und den kritischen Erfolgsfaktoren dieses Instruments werde ich später im Kapitel „Key Account Plan: Struktur, Format, Erfolgsfaktoren". An dieser Stelle sei aber erwähnt: Im klassischen Vertrieb sind Verkäufer meistens für viele Kunden unterwegs. Es bleibt gar keine Zeit, um sich tief in einen Kunden „hinein zu graben". Die meisten Verkäufer haben bei ihrer Tätigkeit deshalb eher die taktische Brille auf: Angebot erstellen, Kundentermin ausmachen, beten ... Sie kennen das. Irgendwie klappt es dann auch mit dem Geschäft. Im Key Account Management ist das anders! Hier wird von Ihnen erwartet, dass Sie den Kunden perfekt kennen und Potenziale frühzeitig identifizieren. Die Akquisezyklen sind dazu meist noch länger, sodass ein strategisches, mittel- bis langfristiges Vorgehen zum Schlüssel für den Erfolg wird. Und mit einem fundierten Key Account Plan halten Sie diesen Schlüssel in der Hand.

Es gibt eine Organisation weltweit, die sich intensiv mit dem Key Account Management auseinandersetzt. Es handelt sich dabei um die Strategic Account Management Association (SAMA), die ihren Sitz in den USA hat. Sie publiziert regelmäßig Studien zum aktuellen Stand und zu Trends im KAM.

Der Einsatz des Key Account Plans als erfolgskritischer Benchmark: Kernaussagen der SAMA-Studie:
- Mehr als 70 % der befragten Unternehmen verfügen über eine Key Account Plan-Vorlage.
- Nur 20 % der Key Account Manager gaben an, dass sie den Plan auch wirklich als Werkzeug im Tagesgeschäft nutzen.
- Genau diese 20 % waren im Krisenjahr 2009 erfolgreicher als ihre Wettbewerber!

Die meisten Unternehmen verfügen also über eine Key Account Plan-Vorlage, auch wenn offensichtlich die wenigsten wissen, wo sie sich befindet. Geradezu erschreckend ist die geringe Anzahl an Key Account Managern, die dieses Werkzeug auch wirklich nutzt! Wenn ich meine Erfahrungen in diese Studien hineinbringen dürfte, würde sich die Anzahl der Key Account Manager, die den Account Plan als wirksames Instrument nutzen, noch weiter reduzieren. Viele erstellen gar keinen Plan, einige füllen eine Vorlage aus und schicken diese ihrem Chef, damit der zufrieden ist, und nur ganz wenige (wahrscheinlich weniger als 10 %) schöpfen die Möglichkeiten dieses Strategiewerkzeugs wirklich aus. Und genau sie sind am Ende erfolgreicher, was auch die SAMA-Studie sehr gut belegt!

Coachingfragen

- Haben Sie eine mittel- bis langfristig ausgerichtete Key Account Strategie?
- Wurde Ihr Team in die Ausarbeitung dieser Strategie einbezogen?
- Wann haben Sie Ihre Strategie das letzte Mal auf Herz und Nieren überprüft?

2.6 In welcher Rolle verbringen Sie die meiste Zeit?

Es ist Freitagnachmittag 17 Uhr, und Sie bereiten sich so langsam auf das anstehende Wochenende vor. Zum Wochenausklang stellen sich die folgende Frage: Wie viel Zeit haben die fünf Kernrollen eines Key Account Managers diese Woche jeweils bei mir eingenommen?

Rolle 1: Verkäufer	... %
Rolle 2: Beziehungsmanager	... %
Rolle 3: Teamleiter des virtuelles Key Account Teams	... %
Rolle 4: Informationsmanager	... %
Rolle 5: Strategieplaner und -umsetzer	... %

Und, wie sieht die Verteilung bei Ihnen aus? Die Rückmeldung auf diese Frage in meinen Seminaren zeigt, dass viele Key Account Manager die meiste Zeit mit und in der Rolle 1 (Verkäufer) verbringen: Angebote schreiben, Kundentermine wahrnehmen, Reklamationen oder Lieferungen nachlaufen, interne Besprechungen, damit die vorher genannten Punkte auch umgesetzt werden können, ... Die Praxis zeigt aber auch, das gerade erfolgreiche Key Account Manager am Ende des Tages bewusst mehr Zeit auf die Rolle 5 (Strategieplaner) und 3 (Teamleiter des virtuellen Teams) verwenden. Daher lautet meine klare Empfehlung an Sie: Wenn auch Sie in der vergangenen Woche die meiste Zeit in der Rolle des Verkäufers verbrachten, schreiben Sie sich sofort feste Termine für die nächsten zwei Wochen in Ihren Kalender, in denen Sie bewusst Ihre Key Account Strategie überdenken und etwas mehr Zeit auf das Thema KAM Team verwenden. Und automatisch werden Sie auch mehr in die Rollen des Informations- und Beziehungsmanagers investieren.

Coachingfrage

- Was möchten Sie ganz konkret tun, um zukünftig mehr Zeit in die wirklichen wichtigen Rollen eines Key Account Managers zu investieren?

2.7 Drei Seminare, die Sie als Key Account Manager besuchen sollten

Als Verkäufer und später auch als Key Account Manager besuchen Sie meistens die klassischen Trainings zu den Themen „Erfolgreich Verkaufen", „Verkaufsgespräche führen", „Sichern verhandeln", „Kundennutzen und Produktwissen", ... Einem Key Account Manager würde ich jedoch noch weitere drei Seminare ans Herz legen, die Sie in Ihrer Rolle als Key Account Manager unterstützen:

1. **Strategisches KAM** (mit den Key Account Plan)
   Hier werden Themen besprochen wie
   • Wofür steht Key Account Management?
   • Strategische Kunden-, Markt- und Wettbewerbsanalyse
   • Key Account Plan als Werkzeug im KAM
   • Erarbeitung von Kundeentwicklungsstrategien

2. **Führen ohne disziplinarische Kompetenz**
   Da Sie ein virtuelles KA-Team ohne die disziplinarische Kompetenz leiten, müssen Sie wichtige Führungsinstrumente dazu erlernen.

3. **Interkulturelle Kompetenzen**
   Heute sind viele Kunden international aufgestellt, und auch das Key Account Team setzt sich häufig aus Kollegen verschiedener Nationen zusammen. Kommunikationskompetenzen sowie der richtige Umgang mit Menschen aus anderen Kulturen werden somit zu entscheidenden Erfolgsfaktoren.

> **Coachingfragen**
> • Welche Kompetenzbereiche wollen Sie zukünftig weiter ausbauen?
> • Welche Seminare werden Sie dazu in den kommenden zwei Jahren besuchen?

Strategie ist Werkzeug!

3

Frage an die Teilnehmer eines KAM-Seminars:
„Was ist der Sinn und Zweck von einem Key Account Plan?"
Die Antwort: „Einen Plan zu haben!"

Die Rollen eines Key Account Managers haben verdeutlicht, dass KAM weit über das normale Verkaufen hinaus geht. Die besten KA Manager haben bezogen auf ihren Kunden klare Umsatz-, Absatz-, Profitabilitäts-, wie aber auch Beziehungs- und mittel- bis langfristige Kundenentwicklungsziele.

Die Wahrnehmung beim Kunden ändern

Eine Unternehmensberatung, welche bei einem Key Account Kunden seit langem hauptsächlich im IT-Umfeld tätig war, möchte zukünftig auch als Strategieberatung wahrgenommen und vom Kunden eingesetzt werden. Da die Unternehmensberatung vom Kunden aber als reiner IT-Berater wahrgenommen wird, ist dieser strategische Schwenk nicht ohne Weiteres umsetzbar. In 18 Monaten soll der Rahmenvertrag verlängert werden und damit heißt es bereits heute, einen strategischen Schlachtplan zu entwickeln, wie die Wahrnehmung des Kunden innerhalb dieser Zeitspanne verändert werden kann.

Im Key Account Management gibt es dazu ein zentrales Werkzeug, den strategischen Key Account Plan! Dieses Instrument unterstützt Sie dabei, Chancen und Risiken beim Kunden durch eine systematische Kunden-, Markt- und Wettbewerbsanalyse zu erkennen und daraus klare Ziele abzuleiten, eine kurz-, mittel- und langfristige Strategie zu erarbeiten und letzlich einen umsetzbaren Maßnahmenplan festzulegen. Denken Sie an dieser Stelle auch noch einmal an die SAMA-Studie: Key Account Manager, die mit einem strategischen Key Account Plan arbeiten, sind erfolgreicher als ihre Wettbewerber. Nutzen Sie die Chance!

3.1 Key Account Plan: Struktur, Format, Erfolgsfaktoren

Welche Aufgaben hat ein Key Account Plan?

1. Der Plan unterstützt Sie dabei, Ihre Kundenentwicklungsstrategie zu erarbeiten, da in ihm eine Reihe von Fragen zum Kunden-, Markt- und Wettbewerbsumfeld in einer systematischen Reihenfolge gestellt werden. Sie werden somit Stück für Stück zu Ihren Zielen, Strategien und Maßnahmen geleitet.

2. Der Plan als Kommunikationsinstrument hilft Ihnen, intern die Bekanntheit Ihres Kunden weiter auszubauen oder für ihn auch zusätzliche Ressourcen im Unternehmen zu erhalten. Viele Key Account Manager nutzen ihn auch als klassisches „Briefinginstrument" beispielsweise für den Fall, wenn das Senior Management Ihren Kunden besuchen möchte und im Vorfeld noch Informationen zu ihm benötigt.

3. Ein guter Plan kann in Auszügen auch in Kundengesprächen gezielt eingesetzt werden, um mehr über einen Kunden in Erfahrung zu bringen oder aber auch um sein „Commitment" einzuholen (Beispiel: gemeinsamer Marketingplan bei einem Handelspartner).

Wie sollte ein Key Account Plan strukturiert sein?

Grundsätzlich sehe ich drei verschiedene Ansätze, um einen Key Account Plan zu strukturieren.

1. Sie starten direkt mit einer Analyse Ihres Geschäftes. Sie fragen sich, wo Sie heute mit dem Kunden stehen und versuchen daraus Potenziale für die Zukunft abzuleiten. Aus meiner Sicht ist dieser Ansatz nicht empfehlenswert, da Sie sich selbst zu sehr einengen. Die Gefahr ist nämlich sehr groß, dass Sie nur versucht sind, etwas mehr Geschäft als letztes Jahr zu generieren.

2. Sie starten mit einer Marktanalyse, bewerten dann verschiedene Unternehmen im Markt und identifizieren im ersten Teil des Key Account Plans einen Kunden als Key Account.

Das kann man machen. Aus meiner Sicht sollte diese Übung aber bereits vor Erstellung des Key Account Plans durchgeführt worden sein.

3. Sie starten mit einer Kundenanalyse, um daraus drei Chancen und Risiken für Ihr zukünftiges Geschäft mit und bei diesem Kunden abzuleiten. Diese Option ist meine klare Empfehlung an Sie. Im Key Account Management geht es jeweils um einen einzelnen Kunden, der im Mittelpunkt unseres Denkens stehen sollte. Starten Sie mit einer Kundenanalyse, um möglichst frei von der Vergangenheit neue Geschäftschancen identifizieren zu können.

In der Praxis hat sich dabei ein drei Säulen-Struktur bewährt (siehe Abbildung 7). In der ersten Säule wird der Kunde systematisch analysiert. Am Ende dieser Analyse sollten drei Chancen und drei Risiken für Ihr Geschäft stehen. Die zweite Säule untersucht Ihre heutige Position beim Kunden. Welche Lieferanteile haben Sie? Wie nimmt Sie Ihr Kunde wahr? Welche Bedeutung hat Ihr Wettbewerb beim Kunden? Aus den Analysen der beiden ersten Säulen können Sie anschließend in Säule drei Ihre kurz-, mittel- und langfristigen Ziele, die dazugehörigen Strategien und Umsetzungspläne erarbeiten.

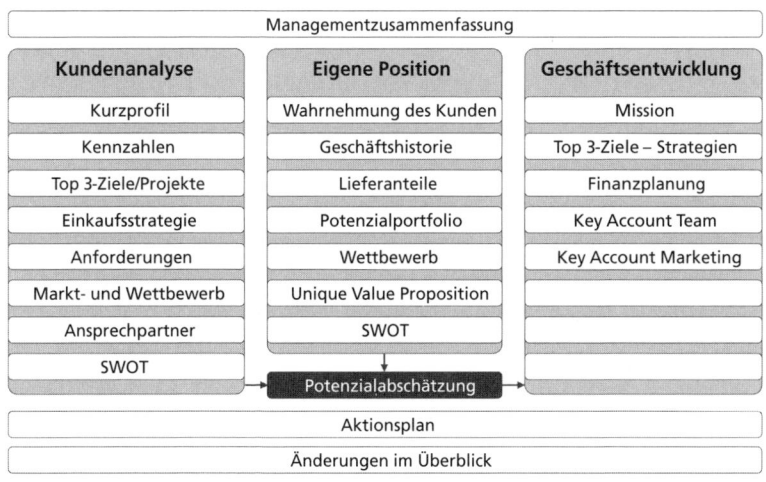

Abbildung 7: Struktur eines Key Account Plans

Was sollte bei einem internationalen Account berücksichtigt werden?

Viele Key Account Kunden bestehen heute aus mehreren Geschäftsbereichen oder sind in verschiedenen Landesorganisationen strukturiert. Damit ergibt sich sehr schnell eine zentrale Frage für die Struktur Ihres Account Plans: Wie kann diese Komplexität am besten abgebildet bzw. berücksichtigt werden? Meine Erfahrung, basierend auf vielen Account Plänen, zeigt eindeutig, dass die besten Pläne die Strukturen bzw. die Organisation eines Kunden widerspiegelt. Ein Beispiel: Zu Analysezwecken wählen Sie den Umsatz als eine Kennzahl Ihres Key Account Kunden aus. Der Umsatz des Gesamtkonzerns dieses Kunden wächst jährlich um zirka 2 %. Damit ist die Botschaft klar: Ihr Gesamtumsatz mit dem Kunden sollte ebenfalls um mindestens 2 % pro Jahr wachsen. Diese Erkenntnis ist zumindest aus Sicht der Vertriebsleistung sehr ernüchternd. Würden Sie dagegen die einzelnen Landesgesellschaften Ihres Kunden etwas genauer untersuchen, dann würde Ihnen beispielsweise ein Umsatzwachstum in der chinesischen Landesorganisation von über 50 % auffallen. Die Konsequenz: Die chinesische Landesorganisation Ihres Kunden sollte auf alle Fälle in Ihrer Account Strategie als ein Wachstumstreiber berücksichtigt werden. Sie sollten sich also die Geschäftsbereiche Ihres Kunden sehr genau betrachten und sich nicht mit einer allgemeinen Analyse auf Gesamtunternehmensebene zufriedengeben.

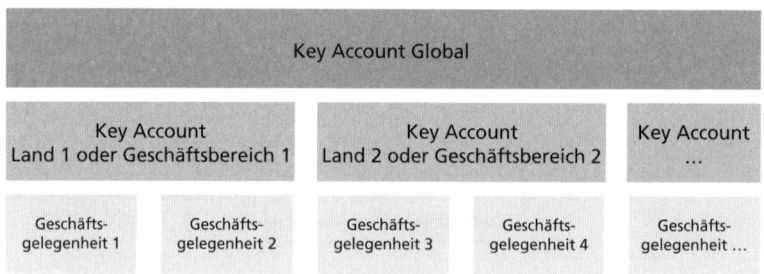

Abbildung 8: Struktur eines globalen Key Account Plans

Welchen formalen Anforderungen sollte der Key Account Plan genügen?

In der Regel ist der Key Account Plan ein eigenständiges Dokument. Fast alle Unternehmen nutzen PowerPoint, gefolgt von Excel und Word, um einen Key Account Plan zu erstellen. Die Begründung dafür ist einfach und nachvollziehbar: Im Key Account Management spielt der Austausch mit anderen eine ganz entscheidende Rolle und dabei kann PowerPoint seine Vorzüge voll ausspielen. Anders als bei Excel besteht bei PowerPoint nämlich nicht die Gefahr, dass Ihr Key Account Plan zu einem Ort großer Datenmengen wird, und strategische Fragestellungen aus dem Blick geraten. Ganz zu schweigen davon, dass Excel als Kommunikationsinstrument nur sehr begrenzt taugt!

Wie umfangreich sollte ein Key Account Plan ausfallen?

Ein Key Account Plan wird in der Praxis schnell an Länge zulegen, und nicht selten ist er am Ende mehr als 100 Seiten stark. Wie wollen Sie hier die Schwerpunkte erkennen? Nach meiner Erfahrung sollte Ihr Plan deshalb höchstens fünf Seiten umfangreich sein. Am Ende zählt nur Ihre Strategie und die bringen Sie sehr gut auf fünf Seiten unter. Um die Chancen und Risiken zu identifizieren, um den Kunden in seinem Marktumfeld sowie unsere eigene Position gegenüber dem Wettbewerb wirklich verstanden zu haben, benötigen Sie viele Seiten strukturierter Analyse. Diese Analyse gehört aber in eine separate Datei. Beim Key Account Plan handelt es sich um einen kompakten Werkzeugkasten, der genutzt werden muss. Nur dann entfaltet er auch seine volle Wirkung. Mit der folgenden Checkliste können Sie Ihren eigenen Key Account Plan überprüfen.

Checkliste: Daran erkennen Sie, ob Ihr Key Account Plan als Werkzeugkasten verstanden werden kann

✓ **Der Plan enthält „?".**
Nehmen wir einmal an, Sie würden mir Ihren „vollständig ausgefüllten" Key Account Plan vorlegen (was in Deutschland übrigens die Regel ist!!). So ein Plan sagt doch aus, dass Sie alles über den Kunden, seinen Markt und Ihre Wettbewerber

wissen. Kann das wirklich sein? Wenn ja, lade ich Sie herzlich ein, diesen Plan gleich Ihrem Chef zu zeigen und nach einer kräftigen Gehaltserhöhung zu fragen. Sie sind es wert!

✓ **Jede Seite wird in einem „So what?" zusammengefasst.**
Die meisten Key Account Pläne enthalten viel zu viele Seiten mit Daten, Fakten und Auswertungen. Doch hier geht es nicht um Zahlenkolonnen, sondern um das Treffen von Aussagen und Entscheidungsunterstützung, z. B.: Welchen Konsequenzen ergeben sich für das eigene Geschäft? Fügen Sie beispielsweise auf jeder Seite eine „So what?"-Aussage ein, um aus Daten echte Informationen zu machen.
Beispiel: Einkaufstrategie eines Kunden
Der Kunde möchte eine Einkaufsstrategie einführen und zukünftig für jeden Artikelbereich eine Lieferantenstrategie mit zwei potenziellen Zulieferern umsetzen (Daten).
„So what?": Chance für uns im Produktbereich ABC (dort sind wir noch nicht präsent) und Risiko für Produktbereich XYZ (hier sind wir der alleinige Lieferant).
Diese Schlussfolgerung hört sich vielleicht trivial an, aber nur sie kann als Basis für Ihre Strategieableitung sinnvoll eingesetzt werden.

✓ **Der Plan ist konkret.**
Die Aussage, dass der Kunde weiter wachsen möchte, genügt nicht. Um Potenziale wirklich abschätzen zu können, benötigen Sie mehr Details: Wie stark, in welchen Bereichen und in welcher Zeit will der Kunde wachsen?Am Ende suchen wir eine Aussage wie: *„Der Kunde möchte bis 2020 seinen Umsatz in Europa verdoppeln (gegenüber 2013)!"*. Jetzt können Sie mögliche Absatzpotenziale direkt ableiten und strategische Optionen erarbeiten, wie Sie diese Chancen für sich gewinnen wollen.

✓ **Im Plan ist ein „roter Faden" erkennbar.**
Zahlreiche Key Account Pläne werden Seite für Seite ausgefüllt. Einen guten Plan erkennen Sie aber daran, dass die einzelnen Elemente miteinander zusammenhängen, ein roter Faden existiert.
Beispiel: Bei einer Marktanalyse des Kunden haben Sie herausgearbeitet, dass er Vorgaben des Gesetzgebers bis zu einem bestimmten Termin x umsetzen muss. In Ihrer eigenen SWOT-Analyse findet sich dieser Punkt jetzt im Bereich der Opportunities/Möglichkeiten wieder: *„Die regulatorische Vorgabe ermöglicht es uns, das Produkt ABC beim Kunden mit einem Potenzial von X € bis 2020 zu platzieren"*. Diese Chance führt dann später zu einem Ihrer Top-Geschäftsziele und wird mit einer klaren Ziel- und Strategieformulierung sowie einem konkreten Aktionsplan unterlegt.

✓ **Ihre Account-Strategie baut auf der Unternehmensstrategie auf.**
Dieser Punkt hört sich selbstverständlich an, wird aber in der Praxis nicht immer überprüft. Hier ein Extrembeispiel, um die Bedeutung des Abgleichs beider Strategien zu zeigen: Sie sehen als Key Account Manager große Chancen, das Geschäft mit dem Kunden in Venezuela auszubauen und setzen sich daher klare Umsatzwachstumsziele für dieses Land. Leider hat Ihr Unternehmen in seiner Strategie klar festgelegt, dass in den nächsten fünf Jahren Asien die Wachstumsregion ist, und Ressourcen bevorzugt dort eingesetzt werden sollen. Sie werden deshalb wahrscheinlich nicht die notwendige Unterstützung aus Ihrem Unternehmen erhalten, um Ihre Ziele zu erreichen.

✓ **Der Plan ist aktuell.**
Eine Markt- oder Stärken-/Schwächenanalyse eines Kunden bleibt meistens über einen längeren Zeitraum konstant und muss nicht ständig überarbeitet werden. Dagegen muss eine Power Map-Analyse (Wer sind beim Kunden die wichtigsten Personen? Was wissen wir über sie?) als Teil des Key Account Plans kontinuierlich weiterentwickelt werden. Verlieren Sie die Aktualität Ihres Plans aus dem Auge, dann ist er als Update für das Management nicht mehr hilfreich und verkommt zu einer Präsentation, die man irgendwann einmal erstellt hat.

✓ **Der Plan wurde im Team erstellt.**
In Seminaren stelle ich gerne die Frage, wer den KAP erstellen sollte. Häufig höre ich dann die Antwort: *„Natürlich der Key Account Manager!"*. Diese Antwort ist auch nicht ganz falsch, aber ist er der einzige, der etwas über den Kunden weiß? Ist der KA Manager der einzige, der die Account-Strategie auch umsetzen wird? Definitiv können wir beide Fragen mit einem klaren Nein beantworten. Nutzen Sie das Wissen aller, die mit dem Kunden in Kontakt stehen! Machen Sie Betroffene zu Beteiligten! Das gilt auch für den Key Account Plan. Teammitglieder, die eine Account Strategie mitentwickelt haben, werden anschließend auch wesentlich engagierter in die Umsetzung einsteigen.

✓ **Der Plan ist klar eineindeutig.**
Dieser Punkt ist schon ziemlich kniffelig. Stellen Sie sich vor, Sie erarbeiten die Kunden-SWOT und ermitteln dabei als eine Stärke des Kunden seine *„Hohe Qualität"*. Anschließend verschicken Sie den Plan an alle Teammitglieder zur Kommentierung. Aus Erfahrung kann ich Ihnen garantieren, dass jeder seine eigene Interpretation von dem Wort *„Hohe Qualität"* haben wird. Der eine versteht darunter die Produktqualität,

ein anderer die Qualität vom Vertrieb, der nächste die der Serviceabteilung ... Vermeiden Sie deshalb Interpretationsraum, in dem Sie den Plan so klar und präzise wie möglich formulieren: aus „Hoher Qualität" wird beispielsweise „Hohe Produkt und Servicequalität".

✓ **Ihre Annahmen sind klar gekennzeichnet.**
Sie werden es bei der Ausarbeitung eines Key Account Plans nicht vermeiden können, dass Sie immer wieder mit Annahmen arbeiten müssen. Wenn Sie sie nicht eindeutig als Annahmen kennzeichnen, wird jeder Leser diese Information schnell als gegeben und wahr annehmen. Die Erfahrung zeigt, dass das schnell zu Fehlinterpretationen (gerade beim Senior Management) führt, und Sie schnell etwas in Ihrer Zielerreichung stehen haben, was Sie dort definitiv nicht stehen haben wollten!

✓ **Der Plan enthält einen klaren Aktionsplan.**
Diese Checkliste startete mit der Aussage, dass „?" im Account Plan definitiv erlaubt sind. Allerdings sollte jedes Fragezeichen auch gleich zu einer Aktion führen, wie Sie die Informationslücke schließen, die Frage beantworten wollen. Darüber hinaus gibt es in einigen Unternehmen den Ansatz, den Account Plan mit der Strategie abzuschließen und die Aktionspunkte bzw. den Umsetzungsplan in einer separaten Datei zu pflegen. Wenn Sie diese Trennung durchführen, ist die Wahrscheinlichkeit sehr groß, dass Sie die Punkte in Ihrem Umsetzungsplan pflegen, der Key Account Plan aber nicht weitergepflegt wird und damit schnell nicht mehr aktuell und brauchbar ist!

Wie häufig sollten Sie den Key Account Plan überarbeiten?

Wie schon weiter oben erwähnt, ist es ratsam, den Key Account Plan aktuell zu halten. Dennoch treffen sich die meisten Key Account Teams nur einmal im Jahr, um den Plan auf Herz und Nieren zu überprüfen. Gibt es einen idealen Termin für dieses Treffen? Aus meiner Sicht gibt es zwei Zeitpunkte, zu den Team-Treffen wirklich Sinn machen, wobei ich einen von beiden klar favorisiere. Zuerst mein Favorit: Nehmen wir an, Ihr Geschäftsjahr startet zum 01. Januar. In diesem Fall beginnen die Budgetdiskussionen meistens bereits im August oder September des Vorjahres. Im Vergleich zu einem klassischen Vertriebsansatz, bei dem die Vorgaben in der Regel von der Vertriebsleitung vorgegeben werden, sollten im Key Account Management-Ansatz Ideen und Potenziale vorrangig aus dem

Key Account Team kommen und in die Budgetplanung einfließen. Daraus ergibt mit einem Treffen im Juli/Anfang August
ein idealer Termin für das Key Account Team, während eines
Workshops den Key Account Plan noch einmal Stück für
Stück durchzugehen.

Sollte Ihr Key Account Management-Ansatz sehr stark „top-
down" (hierarchisch) geprägt sein, so bietet sich noch folgender Termin an: Wenn das Geschäftsjahr Ihres Unternehmens
wiederum am 01. Januuar beginnt, dann könnte sich das Team
Anfang des Jahres treffen, um die Account-Strategie und die
gemeinsamen Umsetzungsmaßnahmen auszuarbeiten.

Coachingfragen

- Erfüllt Ihr aktueller Key Account Plan alle Punkte aus unserer Checkliste?
- Was können Sie neben den genannten Punkten in unserer Checkliste an der Struktur Ihres Key Account Planes noch optimieren?
- Wurden in der Vergangenheit schon Key Account Workshops durchgeführt, um Ihre Account-Strategie bzw. Ihren Key Account Plan auf Herz und Nieren zu überprüfen?

 Buchtipp zum Thema Key Account Plan:

Hartmut Sieck, Der strategische Key Account Plan

3.2 Zehn Fragen, um einen Kunden systematisch zu analysieren

Starten wir mit der ersten Säule in unserem Key Account Plan,
der strukturierten und strategischen Kundenanalyse. Was ist
eigentlich das Ziel einer Kundenanalyse? Den Kunden besser
zu verstehen oder Potenziale besser zu erkennen? Was meinen
Sie? Für mich sind beide Aussage richtig, wobei ich tendenziell
das Potenzial eines Kunden höher gewichten würde.

Eine gute Kundenanalyse sollten drei bis fünf Chancen oder
auch Risiken für Ihr Geschäft mit einem Kunden liefern. Ent-

scheidend dabei ist, dass Sie völlig unvoreingenommen an diese Kundenanalyse herangehen. Was meine ich damit? In meinen Coachings erkenne ich häufig zwei typische Herangehensweisen beim klassischen Vertriebsansatz:

1. Vorjahr plus
   Jedes Jahr muss mehr möglich sein. Vergangenes Jahr haben wir einen Umsatz von X € erzielt, also muss der Kunde nächstes Jahr für X € plus Y% gut sein.
2. Erfahrungswerte
   Ich fragte einen Zulieferer im Maschinenbau, wer denn seine wichtigsten Kunden sind. Antwort: Unternehmen A, B und C. Auf meine Nachfrage, warum gerade diese Kunden die wichtigsten seien, erhielt ich die typische Antwort: *„Die machen so um die 100.000 € Umsatz mit uns pro Jahr und das ist im Regionalvertrieb absolut top!"*

Was fällt Ihnen auf? Richtig, beide Ansätze haben mit dem Kunden und seinen Potenzialen recht wenig zu tun. Wir suchen also nach einen Fragenkatalog, um den Kunden wirklich ergebnisoffen zu analysieren, und um anschließend, ebenfalls ergebnisoffen, die Potenziale und Risiken zu ermitteln. Versuchen Sie, Ihr Geschäft mit dem Kunden in der Vergangenheit zu vergessen und den Kunden wirklich neutral zu analysieren.

Bevor ich Ihnen als Hilfestellung für diesen Prozess zehn strategische Analysefragen vorstelle, möchte ich Sie bitten – sozusagen zum Warmwerden –, folgende, ganz einfache Frage zu beantworten?

Wie lauten die drei wichtigsten Unternehmensziele Ihres Kunden? Formulieren Sie diese Ziele spezifisch, also messbar und mit einem klaren Endtermin versehen.

Ziel 1	
Ziel 2	
Ziel 3	

So einfach ist es nicht, diese Frage zu beantworten, oder? Wenn es aber unser Ansatz im Key Account Management ist, einen ausgewählten Kunden mittel- bis langfristig weiter auszubauen und das Geschäft mit ihm abzusichern, dann sollten wir seine Ziele besser kennen!

> **Checkliste: Die zehn wichtigsten Fragen einer guten Kundenanalyse und deren Implikationen auf Ihr Geschäft**
>
> ✓ **Was macht der Kunde und wie positioniert er sich im Markt?**
> - So what? – Wie müssen Sie sich gegenüber dem Kunden positionieren?
>
> ✓ **Wer sind die Eigentümer und üben sie einen Einfluss auf die für Sie relevanten Kaufentscheidungen aus?**
> - So what? – Welche Interessen verfolgen die Eigentümer kurz- und langfristig? Ergeben sich daraus Chancen oder Risiken für Sie?
> - So what? – Häufig sind auch andere Unternehmen Eigentümer. Gibt es vielleicht weitere Umsatzpotenziale bei diesen Unternehmen?
> - So what? – Falls die Eigentümer einen Einfluss auf Kaufentscheidungen ausüben, haben Sie Zugang zu diesen Unternehmen oder Personen? Wenn nein, was tun Sie, um eine Beziehung herzustellen?
>
> ✓ **Wie ist das Unternehmen aufgebaut? Aus welchen Geschäftsbereichen besteht es?**
> - So what? – Beliefern Sie alle Geschäftsbereiche?
> - So what? – In welchen Bereichen gibt es noch Cross- oder Upselling-Potenziale?
>
> ✓ **Welche Tochtergesellschaften und Beteiligungen gehören zu dem Unternehmen?**
> - So what? – Beliefern Sie alle für Sie relevanten Tochtergesellschaften?
> - So what? – Bei welchen Unternehmen gibt es noch Cross- oder Upselling-Potenziale?
> - So what? – Steht eines der Tochterunternehmen vielleicht sogar in Konkurrenz zu Ihnen?
>
> ✓ **Wie lauten vier für Sie relevante Kennzahlen des Unternehmens?**
> - Beispiele:
>   - allgemeine Kennzahlen, wie Umsatzentwicklung des Kunden plus branchenspezifische Kennzahlen

- Dienstleister im Reiseumfeld: Anzahl der reisenden Mitarbeiter
- Trainingsanbieter im KAM: Anzahl der Key Account Manager
- Zulieferer im Maschinenbauer: Anzahl der produzierten Maschinen
- Produkte im Handel: Anzahl an Outlets/Filialen
- So what? – Welche konkrete Potenziale oder Risiken können Sie aus den Kennzahlen ableiten?
- So what? – Wenn Sie die historische Umsatzentwicklung des Kunden ansehen, konnte die Entwicklung Ihrer Umsätze mit ihm 1:1 folgen? Wenn nicht, warum?

✓ **Wie lauten die drei wichtigsten Ziele des Kundenunternehmens?**
- Bitte formulieren Sie die Ziele so spezifisch, messbar und terminiert wie möglich. Nur so lassen sich echte Konsequenzen aus den Zielen ableiten.
- So what? – Welche möglichen Ziele könnten sich daraus für Ihre wichtigsten Ansprechpartner beim Kunden ergeben?
- So what? – Welche Chancen bzw. Risiken können Sie für sich aus diesen Zielen ableiten?

✓ **Wie lautet die Einkaufsstrategie des Kunden?**
- Werden Entscheidungen zentral oder dezentral getroffen? Gibt es eine Lieferantenkategorisierung? Wird eine Einlieferanten- oder eine Mehrlieferantenstrategie verfolgt? Gibt es Obergrenzen für Ihren Gesamtumsatz? (Beispiel: Maximal x % Ihres Unternehmensumsatzes dürfen durch diesen Key Account Kunden generiert werden.)
- So what? – Welche Chancen bzw. Risiken ergeben sich daraus?

✓ **Welche technischen, kommerziellen, servicefokussierten oder auch vertrieblichen Anforderungen stellt der Kunde an Sie?**
- Bitte führen Sie ALLE Anforderungen des Kunden auf, egal ob Sie diese erfüllen können oder wollen.
- So what? – Wie gut können Sie diese Anforderungen bedienen? Wo gibt es die größten Abweichungen und Risiken für Sie?

✓ **Welche sind die wichtigsten Personen innerhalb der Kundenorganisation, die in Kaufentscheidungen (national wie auch international) involviert sind?**
- Diesen Teil der Analyse schauen wir uns noch etwas detaillierter im Kapitel „Power Map: ein Muss im Key Account Management" an.

- So what? – Kennen Sie alle relevanten Personen?
- So what? – Wo lauern mögliche Risiken in Ihrem Beziehungsgeflecht zum Kunden?
- So what? – Wie können Sie das interne Netzwerk des Kunden für Ihre Zwecke bzw. Ziele nutzen?

✓ **Wie groß ist das adressierbare Einkaufsvolumen des Kunden?**
- Denken Sie dabei in zwei Richtungen:
1. Sie stellen die Frage nach dem gesamten Einkaufsvolumen für Ihren Produkt- und/oder Dienstleistungsbereich. Möglicherweise greifen Sie heute noch nicht das gesamte Volumen beim Kunden ab, da Sie nicht alle seine Anforderungen bedienen können. Mit diesem Ansatz ermitteln Sie aber sehr bewusst geschäftliche Potenziale für Ihr Unternehmen und erarbeiten sich somit Ideen für Ihr zukünftiges Produkt- und Dienstleistungsportfolio.
2. Sie stellen die Frage nach dem real adressierbaren Einkaufsvolumen. Dieses berücksichtigt nur die Produkte- und Dienstleistungen, die Sie heute im Portfolio führen bzw. schon auf der Roadmap sichtbar sind.

Coachingfrage

- Berücksichtigt Ihre Kundenanalyse bereits heute alle oben aufgeführten Punkte der Checkliste? Wenn nicht, was möchten Sie zukünftig verbessern?

3.3 Power Map: ein Muss im Key Account Management

Fragt man Key Account Manager nach ihren wichtigsten Aufgaben, dann steht das Beziehungsmanagement immer ganz weit oben auf der Liste. Auch in diesem Buch haben wir es als eine der fünf Kernrollen eines Key Account Managers identifiziert. In der Definition von Key Account Management gibt es mit dem Begriff „systematisch" ein ganz zentrales Schlüsselwort, welches auch für das Beziehungsmanagement eine entscheidende Bedeutung hat. Und genau hier kommt das strategische Werkzeug mit dem Namen „Buying Center" oder „Power Map-Analyse" ins Spiel. In Deutschland spricht man in diesem Zusammenhang gerne von einer Buying Center-Analyse, während dieser Begriff international unbekannt ist. Daher ist meine Empfehlung, dass Sie für eine systematische Beziehungspflege zu Ihren Kunden den Begriff „Power Map Analyse" verwenden.

Die Power Map-Analyse ist ein Werkzeug, um die Entscheidungs-, Macht- und Beziehungsstrukturen beim Kunden systematisch zu analysieren, um daraus anschließend konkrete Handlungs- und Beziehungsempfehlungen abzuleiten.

Checkliste: Kritische Erfolgsfaktoren für die Power Map-Analyse im Key Account Management

✓ **Entscheidend ist NICHT, wen Sie kennen. Gesucht sind die involvierten Personen.**
Wenn wir eine Power Map-Analyse durchführen, starten wir in der Regel mit einem Organigramm des Kunden, welches die Personen abbildet, mit denen wir Kontakt haben beziehungsweise mit denen wir uns austauschen. Doch kennen wir wirklich alle involvierten Personen? Beispiel: Der Verkaufsleiter eines Unternehmens, mit dem ich bisher noch in keiner Beziehung stand, ruft mich an, da er sich für ein Key Account Management-Seminar interessiert. Es folgt ein erstes Gespräch, an dem auch der Personalleiter sowie der Geschäftsführer teilnehmen. Als nächsten Schritt darf ich ein Angebot abgeben. Ich erarbeite die Power Map und starte mit den mir drei bekannten Personen. Wichtig ist jetzt, systematisch weitere Funktionen im Unternehmen zu betrachten. Bin ich mir sicher, dass niemand vom Einkauf involviert ist? Bin ich mir sicher, dass der Leiter KAM keinen seiner wichtigsten Key Account Manager in die endgültige Entscheidungsfindung involviert? Wenn es sich um eine Tochtergesellschaft handelt: Bin ich mir sicher, dass niemand von der Firmenzentrale involviert ist?

✓ **Grundregel: Gesucht sind die Top 10-, 15-, 20-Personen beim Kunden**
Gerade bei größeren Kunden kommt recht schnell der Einwand: *„Ich kenne dort 1.000 Leute! Die kann ich doch unmöglich hier alle zu Papier bringen!"* Und diese Aussage ist absolut richtig! Gesucht sind auch nicht all die Personen, zu denen Sie irgendwann einmal irgendwie mehr oder weniger intensiv Kontakt hatten. Gesucht sind Personen, die extrem wichtig für Ihre Geschäftsbeziehung mit dem Kunden sind. Hilfreich ist dabei auch die folgende Aussage: „Nennen Sie mir die 10, 15, 20 Personen, die ich kennen muss, wenn ich Ihren Kunden heute übernehmen würde!

✓ **Wie sind die Key Accounts miteinander vernetzt?**
Ist ein Key Account über mehrere Länder oder Standorte hinweg organisiert, so vergessen viele Key Account Manager eine entscheidende Fragestellung bei ihrer Analyse. Nehmen wir an, Sie bieten Ihren Kunden Lösungen zur Optimierung von Fertigungsprozessen, und der Kunde hat fünf Werke. Ein wichtiger Ansprechpartner für Sie ist der jeweilige Fertigungsleiter. Als Key Account Manager sollten wir uns jetzt die Frage stellen, inwieweit sich die Fertigungsleiter kennen oder sogar regelmäßig austauschen? Wer würde hier auf wen „hören", oder gibt es unter diesen Fertigungsleitern sogar eine starke Rivalität? Wandern einige Fertigungsleiter vielleicht sogar von Standort zu Standort? Vergessen Sie deshalb nicht die standortübergreifende Vernetzung Ihrer Key Accounts, wenn Sie die Power Map-Analyse durchführen.

✓ **Kennen Sie die internen und externen Beeinflusser von Entscheidungen?**
Es geht darum, alle die in eine Entscheidung des Key Accounts involvierten Personen zu kennen. Dazu können Berater, Ingenieurbüros, Marketingagenturen, die ausgelagerte IT und viele mehr gehören. Nicht selten sind es auch Freunde oder sogar Familienangehörige, die plötzlich um ihren Rat gebeten werden, bevor eine finale Entscheidung getroffen wird.

✓ **Seien Sie ehrlich zu sich selbst!**
Wenn das Ergebnis Ihrer Analyse zeigt, dass Sie alle wichtigen Personen kennen und Sie sogar aktiv als Freunde und Befürworter unterstützen, dann sollte Ihr Lieferanteil auch entsprechend hoch sein. Ansonsten ist die Wahrscheinlichkeit recht hoch, dass Sie sich gerade die Welt schöner ausmalen, als sie in Wirklichkeit ist. Seien Sie deshalb ehrlich zu sich selbst. Offene Fragen sind bei dieser Analyse absolut in Ordnung!

✓ **Erarbeiten Sie die Power Map im Team.**
Nicht selten ist ein Hang zur Selbstgefälligkeit im KAM ausgeprägt: Natürlich kenne ich alle involvierten Personen. Natürlich kenne ich auch die Beziehungsgeflechte zwischen den involvierten Menschen! Natürlich weiß ich um die Einschätzung der involvierten Personen zu unserem Unternehmen und mir selbst! Doch Vorsicht, denn es handelt sich um Ihre subjektive Wahrnehmung. Erarbeiten Sie deshalb eine Power Map immer gemeinsam mit Kollegen und Ihrem Key Account Team, sodass jeder seine eigene Sicht auf den Kunden einbringen und so ein einigermaßen realistisches Gesamtbild entstehen kann.

✓ **Erstellen Sie immer eine grafische Power Map.**
Die grafische Darstellung einer Power Map ist sehr hilfreich. Der einfachste Weg dazu wäre zunächst, alle Namen in eine Liste einzutragen und diese dann zu pflegen. Aber das ist nicht ausreichend, denn es gilt auch herauszustellen, wie die Personen innerhalb der Organisation verwoben sind? Eine Power Map sollte immer der Macht- und Beziehungsstrukturen beim Kunden darstellen. Das erlaubt auch, auf einem Blick mögliche Wissenslücken schnell zu identifizieren.

Mit sechs Fragen zur Power Map[2]

1. Wer ist auf der Kundeseite in die Entscheidungsprozesse involviert und welche Rolle übernehmen die Personen dabei im Kauf- bzw. Entscheidungsprozess? Sind alle Rollen verteilt?

E	Entscheider	Trifft die finale Entscheidung.
B	Beeinflusser	Beeinflusst die Entscheidung positiv oder negativ.
N	Schlüssel-nutzer-, anwender	Wendet die Lösung anschließend an und findet mit seinem Feedback Gehör bei den Beeinflussern und Entscheidern. Beispiel: Als Berater möchten Sie bei einem Kunden den Key Account Plan einführen. Dazu sollen zukünftig zwölf Key Account Manager Key Account Pläne erstellen. Diese werden damit zu einem Nutzer. Würden zehn der zwölf Manager anschließend sagen, dass die Erstellung der Pläne viel Arbeit benötige, so würde der Vertriebsleiter wahrscheinlich zunächst um die Weiterbearbeitung bitten. Wären aber zwei „Schlüsselanwender" gegen die Erarbeitung der Key Account Pläne, so würde er deren Einführung überdenken, vielleicht sogar kippen. Kurzum: Für Sie sollte es wichtig sein, diese beiden Schlüsselanwender zu erkennen und frühzeitig für sich zu gewinnen.

---

[2] *Sieck* (2015), „Der strategische Key Account Plan", 5. Auflage.

R	Ratifizierer	Muss aufgrund der Unternehmenspro-zesse eine bereits getroffene Entschei-dung noch „abnicken".
S	Spezifizierer	Erstellt die technische oder kommer-zielle Spezifikation.
GK	Gatekeeper	Kann den Zugang zu Personen oder In-formationen schaffen oder auch schnell verschließen (Beispiel: Assistentin).
?	Fragezeichen	Rolle ist noch nicht bekannt.

2. Wie sind diese Personen uns gegenüber eingestellt? Wer möchte mit unserem Unternehmen und wer eher mit unserem Wettbewerb zusammenarbeiten?

C	Coach	Unterstützt Sie aktiv.
+	Positiv	Würde eine positive Aussage über Sie treffen, wenn er gefragt wird.
=	Neutral	Sucht einfach die beste technische oder kommerzielle Lösung.
–	Negativ	Würde eine negative Aussage über Sie treffen, wenn er gefragt wird.
F	Feind	Wird aktiv alles dafür tun, um Ihnen das Leben schwer zu machen.
?	Fragezeichen	Einstellung ist noch nicht bekannt

3. Wie gut kennen wir die involvierten Personen? Zu wem haben wir noch keinen ausreichenden Kontakt?

0	Kein Kontakt	Es besteht weder ein telefonischer noch ein persönlicher Kontakt.
S	Selten	Der Kontakt ist nur sehr sporadisch.
R	Regelmäßig	Der Kontakt wird regelmäßig persön-lich, telefonisch oder auch per E-Mail gepflegt.
I	Intensiv	Der Kontakt ist sehr häufig und geht ggf. sogar über das Berufliche hinaus.

4. Wer hat welchen Einfluss auf die Kaufentscheidung?

G	Gering	Übt nur wenig Einfluss aus.
M	Mittel	Übt einen mittleren Einfluss aus.
H	Hoch	Übt einen sehr starken Einfluss aus.
?	Fragezeichen	Einflussnahme ist noch nicht genau bekannt.

5. Wer hat welchen Einfluss auf wen innerhalb der Buying-Center-Struktur? Wo gibt es Freundschaften oder Animositäten?

Im Verkauf wird gerne vom „**Inner Circle**" gesprochen: Wer würde wen innerhalb der Kundenorganisation um Rat fragen, bevor er eine Entscheidung trifft? Wer ist mit wem ständig gemeinsam auf Veranstaltungen oder in der Kantine anzutreffen? Aber auch, wer auf der Kundenseite überhaupt nicht zusammenarbeiten kann?

Sie haben selten direkten Zugang zur Geschäftsführung des Kunden. Möchten Sie dort trotzdem bestimmte Botschaften platzieren, dann nutzen Sie die Power Map dazu, um Beziehungsgeflechte im Kundenunternehmen zu identifizieren.

6. Welche Person aus der Organisation des Verkäufers sollte langfristig eine Beziehung zu wem innerhalb der Buying-Center-Struktur aufbauen?

Nachdem die gesamte Analyse durchgeführt wurde, schließt sich der Prozess wieder mit dem Blick auf das Thema Key Account Team: Wer aus Ihrer Organisation sollte mit wem auf der Kundenseite eine dauerhafte Geschäftsbeziehung aufbauen? Wer ist der erste Ansprechpartner für wen?

Hier finden Sie ein Beispiel für eine Power Map:

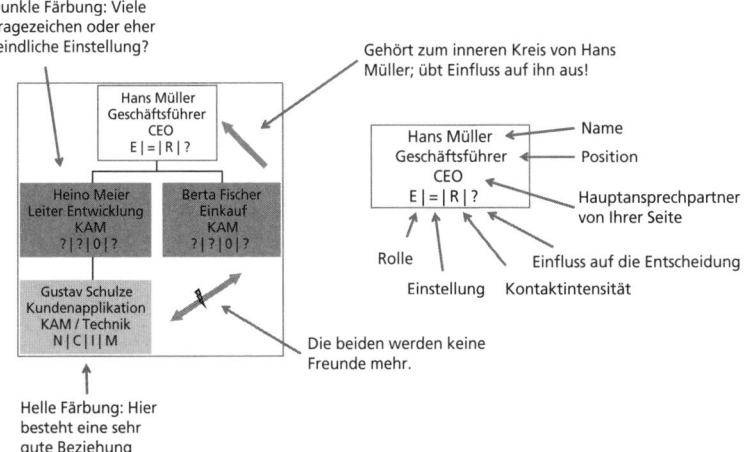

Abbildung 9: Beispiel einer Power Map-Analyse

Coachingfragen

- Haben Sie bereits eine Power Map-Analyse für Ihren Key Account erstellt?
- Wenn ja, inwieweit haben Sie alle kritischen Erfolgsfaktoren aus den genannten Checklisten berücksichtigt?
- Was können Sie zukünftig noch optimieren?

Chancen von XING, LinkedIn und Facebook nutzen

XING, Facebook und andere Business-Netzwerke sind mittlerweile etabliert und haben unzählige Nutzer. Trotzdem ist der Einsatz von sozialen Netzwerken im Verkauf und Key Account Management auch heute noch ein Reizthema. Da gibt es die absoluten Bekenner, die diese Netzwerke aktiv nutzen, um ihre Beziehungsgeflechte zu erweitern und zu pflegen. Andere hingegen bleiben Skeptiker. Zu hohe Transparenz persönlicher Daten, potenzieller Datenmissbrauch und nicht zuletzt die Flut an teilweise sinnfreien Posts auf Facebook sind die häufigsten Beweggründe für den Skeptiker. Und zwischen diesen beiden Polen gibt es noch eine riesige Anzahl von Menschen, die zwar in Netzwerken registriert sind, sie aber nicht wirklich nutzen.

Coachingfragen

- Zu welcher Nutzergruppe gehören Sie? Sind Sie Aktivnutzer, Karteileiche oder Skeptiker?
- Falls Sie noch in keinem sozialen Netzwerk, was waren Ihre Beweggründe dafür?

Gestatten Sie mir, mit Ihnen zum Einstieg drei kurze und reale Gegebenheiten aus KAM-Trainings und -Coachings zu teilen, um Ihnen die Chancen von sozialen Netzen im KAM aufzuzeigen.

1. Zwei wichtige Ansprechpartner sind dann mal weg

Ein Key Account Manager hat im Rahmen der Power Map-Analyse herausgearbeitet, dass lediglich zwei Ansprechpartner auf Kundenseite für sein Geschäft wesentlich sind. Soweit so gut. Jetzt suchen wir diese beiden Ansprechpartner im Netzwerk XING.

Ansprechpartner 1: Im Feld „Ich suche" steht ein Satz, den Sie sicherlich auch schon einmal gelesen haben: *„Ich suche eine neue berufliche Herausforderung"*. Die Botschaft ist klar: Dieser Ansprechpartner ist demnächst nicht mehr im Kundenunternehmen. Aber es gibt ja noch den zweiten Ansprechpartner.

Ansprechpartner 2: Laut seines Lebenslaufs verändert er alle drei Jahre seine Position. Aktuell füllt er seinen Job seit drei Jahren aus. Die Botschaft: Es ist wahrscheinlich, dass auch er morgen nicht mehr da sein wird!

2. Einkäufer auf Tour

Für ein Projekt im Automobilsektor suchten wir einen Einkäufer auf Facebook und wurden dort auch prompt fündig. Aus seinem Bilder-Tagebuch ging hervor, dass er die letzten zwei Wochen beruflich in Asien verbracht hat. Dabei fiel uns auf, dass er genau die Städte besuchte, in denen unser wichtigster Wettbewerber seine Firmenzentrale und sein wichtigstes Werk hat. Was glauben Sie, was der Einkäufer wohl dort mache? So einfach kann eine Wettbewerbsanalyse sein!

3. Fanclub vom 1. FC Kaiserslautern

In einem anderen Fall haben wir uns einen wichtigen Ansprechpartner eines Kunden und seine Kontakte angeschaut. Wir bemerkten, dass ein Key Account Manager unseres stärksten Wettbewerbers in der Kontaktliste unseres Kunden stand. Scheinbar nutzt er die sozialen Netzewerke bereits aktiver als unser Key Account Manager. Unser Ansprechpartner hatte in seinem Profil angegeben, dass er im Fanclub vom 1. FC Kaiserslautern ist. Sie dürfen jetzt raten, in welchem Fanclub sich wohl der Key Account Manager des Wettbewerbers bewegte ... Ob Sie wirklich persönliche Freunde sind, wissen wir nicht. Aber beide verbindet etwas.

Checkliste: Systematische Analysen Ihrer Ansprechpartner bei XING

✓ **Welche Interessen hat Ihr Ansprechpartner?**
- Gemeinsamkeiten sind eine gute Basis für eine langfristige Beziehung.

✓ **Welche beruflichen Stationen hat Ihr Ansprechpartner durchlaufen?**
- Ist der Ansprechpartner noch recht neu in seiner aktuellen Position? Haben Sie vielleicht dadurch bedingt einen Informationsvorsprung?
  Ihr Ansprechpartner war beispielsweise noch bis vor drei Monaten im Produktmanagement tätig und wechselte in seiner neuen Position in den Einkauf. Wenn Sie nun über viele Erfahrungen in Verhandlungssituationen verfügen, kann das eine gute Ausgangslage für ein Gespräch sein.
- In welchen Unternehmen war Ihr Ansprechpartner früher tätig? Können Sie diese als positive Referenz verwenden? Könnte es sogar sein, dass er Sie vielleicht auf ein misslungenes Projekt beim einem früheren Arbeitgeber anspricht?
- Wie häufig wechselt Ihr Ansprechpartner seinen Arbeitgeber? Wie wahrscheinlich ist es, dass er demnächst wieder wechselt?

- Haben Sie und Ihr Ansprechpartner vielleicht sogar einmal beim gleichen Unternehmen gearbeitet, sodass Sie auf gemeinsame Erfahrungen zurückgreifen könnten?

✓ **Über welche Qualifikationen verfügt Ihr Ansprechpartner?**
- Gibt es Gemeinsamkeiten in der Ausbildung?
- Ist Ihr Ansprechpartner Akademiker, Techniker, Kaufmann, oder hat er sich von der Pieke hoch gearbeitet?
- Teilweise finden Sie unter den Qualifikationen Ihres Ansprechpartners eine Reihe besuchter Seminare. So können Sie vielleicht aus dem XING-Profil darauf schließen, wie er die nächste Verhandlung mit Ihnen führen wird!

✓ **Wie sieht das interne Netzwerk des Ansprechpartners aus?**
- Steht er vielleicht in Kontakt mit weiteren für Sie wichtigen Ansprechpartnern bei Ihrem Kunden? Können Sie ihn vielleicht als Türöffner, als interne Referenz (Beeinflusser) verwenden?

✓ **Was finden Sie unter der Rubrik „Ich suche ...?"**
- Der Extremfall wäre wieder die Aussage „... eine neue berufliche Herausforderung!". Damit steht fest, dass Sie diesen Ansprechpartner demnächst eher bei einem anderen Unternehmen wiederfinden werden. Sehr häufig finden Sie fachbezogene Aussagen, die Sie dann wiederum als einen möglichen Aufhänger für ein Gespräch verwenden könnten.

Coachingfrage

- Stellten Sie sich bereits all die Fragen aus der Checkliste, um einen Ansprechpartner beim Kunden zu analysieren?

3.4 Marktanalyse mit Sinn und Verstand

Als Key Account Manager haben wir wenig Zeit. Führen Sie deshalb **nie** eine Analyse nur der Analyse wegen durch, sondern wenn Sie sich davon wirklich hilfreiche Informationen versprechen!

Sie fragen sich, warum überhaupt eine Marktanalyse notwendig und sinnvoll ist? Geht es nicht auch ohne? Sie konzentrieren sich auf den Kunden, wie Sie ihn heute wahrnehmen, analysieren noch seine Top 3-Unternehmensziele, seine Einkaufsstrategie und schauen sich zu guter Letzt Ihre aktuelle Wettbewerbssituation an. Daraus leiten Sie dann Potenziale, Ziele sowie Strategien und Maßnahmen ab. Der Haken an der Sache ist, dass sich Ihr Kunde immer in einem Marktumfeld *bewegt*, womit neue Chancen und Risiken für Ihren Key Account und damit auch für Ihr Geschäft verbunden sind:

- Sie sind Hersteller von Werkzeugen und vertreiben Ihre Produkte sehr stark über Baumärkte. Ihr Key Account-Kunde ist schon aus seiner Geschichte heraus gut aufgestellt. Eine Marktanalyse würde allerdings aufzeigen, dass viele Endkunden mittlerweile online gekauft werden. Verschläft Ihr Kunde diesen Trend, hat das fundamentale Konsequenzen für ihn und Ihr Geschäft!

- Der Gesetzgeber schreibt, wie wir nicht erst seit dem VW-Debakel wissen, im Automobilbereich klare maximale Durchschnittswerte für den CO_2-Ausstoß vor. Bietet Ihr Unternehmen Kunststofflösungen an, die vielleicht sogar Metallteile im Fahrzeug ersetzen könnten, wird die regulatorische Vorgabe zum Aufhänger für Ihre Verkaufsstrategie: Sie verkaufen keine Kunststoffteile, sondern Gewichts- und damit eine CO_2-Reduktion.

Kurzum, führen Sie im Key Account Management immer Marktanalysen durch! Auf den nächsten Seiten werden Sie dazu einige bewährte und hilfreiche Instrumente kennenlernen. Für strategische Fragen gibt es zwei Werkzeuge, die Sie bei einer Marktanalyse unterstützen: die PEST-Analyse und Michael Porters fünf Wettbewerbskräfte (die sog. five forces).

Die PEST- oder auch PESTLE-Analyse befasst sich mit den politischen, wirtschaftlichen, sozio-kulturellen, technologischen, rechtlichen und ökologischen Einflussfaktoren auf Gesellschaften und damit Märkte. Weitere Informationen finden Sie zum Beispiel unter:

www.themanagement.de/Management/PEST-Analyse.htm

Die Analyse von Michael Porter steigt wesentlich tiefer in das direkte Wettbewerbsumfeld Ihres Key Account Kunden ein. Weitere Informationen finden Sie zum Beispiel unter:

www.themanagement.de/Ressources/P5F.HTM

Viele Unternehmen integrieren beide Analysen fest in ihren Key Account Plan. Wie Sie die Kernelemente aus beiden Ansätzen nutzen und kombinieren, zeigt Ihnen die folgende Checkliste[3]:

 Checkliste: Kernelemente aus PEST-Analyse und Porters five forces

✓ **Markt Ihres Kunden**
  a. Was charakterisiert den Markt des Kunden am besten?
  b. Was sind die Hauptveränderungen im Markt des Kunden?
  c. Wächst der Markt oder schrumpft er?

✓ **Die Kunden Ihres Kunden**
  a. Wer sind die Kunden Ihres Kunden?
  b. Welche Anforderungen haben sie bzgl. Technologie, Qualität, kommerziellen Aspekten, …?
  c. Was sind die wichtigsten Veränderungen bei diesen Kunden in den nächsten zehn Jahren?

✓ **Regulatorische Aspekte**
  a. Welche rechtlichen oder regulatorischen Aspekte haben einen Einfluss auf das Geschäft des Key Accounts?

✓ **Neue Technologien**
  a. Welche neuen Technologien gefährden das Geschäft des Key Accounts oder ermöglichen ihm auch neue Chancen?

✓ **Wettbewerber des Key Accounts**
  a. Wer sind die wichtigsten Wettbewerber des Key Accounts aus seiner Sicht?
  b. Wie positionieren sich diese Unternehmen?
  c. Welche Strategie verfolgen sie? Wer hat welche Marktanteile?
  d. Welche Stärken oder Schwächen zeichnen diese Wettbewerber aus?

Wie Sie diese Fragen auf einer Seite in Ihrem Key Account Plan zusammenfassen können, zeigt Ihnen die folgende Abbildung.

---

[3] *Sieck* (2015), „Der strategische Key Account Plan", 5. Auflage.

Markt des Key Accounts	Kunden des Key Accounts
– Was charakterisiert den Markt des Kunden am besten? – Was sind die Hauptveränderungen im Markt des Kunden? – Wächst der Markt oder schrumpft er? ...	– Wer sind die Kunden des Key Accounts? – Welche Anforderungen haben diese bzgl. Technologie, Qualität oder kommerzieller Aspekte? – Welche wichtigen Veränderungen werden bei diesen Kunden in den nächsten zehn Jahren auftreten?
Regulatorische Aspekte	**Neue Technologien**
Welche rechtlichen oder regulatorischen Aspekte haben einen Einfluss auf das Geschäft des Key Accounts? ...	Welche neuen Technologien gefährden das Geschäft des Key Accounts oder ermöglichen ihm auch neue Chancen? ...

Wettbewerber des Key Accounts
– Wer sind die wichtigsten Wettbewerber des Key Accounts aus seiner Sicht?
– Wie positionieren sich diese Unternehmen?
– Welche Strategie verfolgen sie?
– Wer hat welche Marktanteile?
– Welche Stärken oder Schwächen zeichnen diese Wettbewerber aus?

Abbildung 10: Kernelemente der PEST-Analyse und Porters five forces auf einer Seite im Key Account Plan

Coachingfragen

- Haben Sie schon einmal eine Marktanalyse für Ihren Key Account durchgeführt und daraus Konsequenzen abgeleitet?
- Welche Bereiche einer Marktanalyse wollen Sie zukünftig noch weiter entwickeln?

3.5 SWOT: Richtig angewendet ein starkes Werkzeug

Die SWOT-Analyse zählt zu den klassischen Analysewerkzeugen im Key Account Management. Vermutlich wird kein anderes Werkzeug so häufig, so gerne und meist auch so falsch angewendet.

Was ist eine SWOT-Analyse?

„Die SWOT-Analyse (engl. Akronym für **S**trengths (Stärken), **W**eaknesses (Schwächen), **O**pportunities (Chancen) und **T**hreats (Gefahren)) ist ein Instrument der Strategischen Planung; sie dient der Positionsbestimmung und der Strategieentwicklung von Unternehmen und anderen Organisationen."[4]

---

[4] Quelle: http://de.wikipedia.org/wiki/SWOT-Analyse

Wie setzen Sie die SWOT-Analyse im KAM ein?

Im Key Account Management gibt es zwei klassische Anwendungsfälle für die SWOT-Analyse.

1. Die Kunden-SWOT
Das Ziel dieser Analyse ist es, konkrete Ansatzpunkte für zukünftige Geschäftspotenziale eines Kunden zu identifizieren. Sie wird im Key Account Plan idealerweise am Ende der Kundenanalyse in Form einer Zusammenfassung durchgeführt.

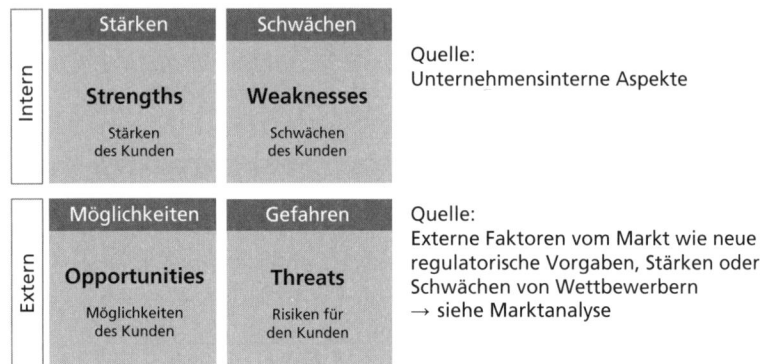

Abbildung 11: Grafische Darstellung einer Kunden-SWOT

2. Die eigene SWOT
Hierbei werden die Stärken und Schwächen aus Sicht des Key Accounts beschrieben: Was schätzt Ihr Key Account an Ihnen und wo sieht er wahrscheinlich noch Entwicklungspotenziale. Die Analyse von Chancen und Risiken hingegen sind typischerweise Ableitungen, die Sie aus der Kunden-SWOT und der Wettbewerbsanalyse selbst treffen.

Fünf typische Fehler bei der Anwendung der SWOT-Analyse im KAM

1. Kunden- und die eigene SWOT werden vermischt
Der Auslöser dieses Fehlers liegt meist in einer ungenauen Vorgabe. Da heißt es: „Erstellen Sie doch einmal eine SWOT und integrieren Sie diese in Ihren Key Account Plan!". Nicht selten kommt es dann zu dem Phänomen, dass im Bereich

der Stärken und Schwächen der Kunde analysiert wird. Bei den Chancen und Risiken hingegen wird plötzlich vom eigenen Geschäft gesprochen. Analysieren Sie deshalb trennscharf Ihren Kunden und dann Ihre eigene Situation.

2. **Interne und externe Bereiche werden nicht stringent behandelt**
Stärken und Schwächen sind sogenannte interne Faktoren. Die Quelle dieser Faktoren sind im eigenen Unternehmen bzw. im Unternehmen des Kunden zu suchen. Beispiele: Stärke des Kunden: „Vertriebsmitarbeiter sind alle lange im Unternehmen, was zu sehr guten Beziehungen zu den Kunden führte". Schwäche des Kunden: „Vertriebsmitarbeiter sind alle lange im Unternehmen und nicht offen für neue Vertriebsansätze (blockieren E-Business)". Hier können Sie übrigens auch sehr schön erkennen, dass ein Sachverhalt sowohl zu einer Stärke als auch zu einer Schwäche führen kann. Die Chancen und Risiken haben dagegen ihre Ursache im Umfeld. Marktveränderungen oder Stärken/Schwächen eines Wettbewerbers sind beispielsweise mögliche Auslöser, die zu einer Chance oder einem Risiko führen. Um bei unserem Beispiel zu bleiben: „Kunden fordern verstärkt eine E-Business-Anbindung. Unser Key Account ignoriert diesen Trend, was zukünftig zu einem Umsatzrisiko von 30 % führen kann". Achten Sie deshalb immer auf die Quelle beeinflussender Faktoren (unternehmensINTERN → Stärken und Schwächen; unternehmensEXTERN → Chancen und Risiken).

3. **Raum für Interpretationen**
Je häufiger Sie Pauschalisierungen und Verallgemeinerungen verwenden, desto höher ist die Gefahr, dass Menschen etwas anderes aus Ihrer SWOT-Analyse herauslesen als Sie. Versuchen Sie deshalb, ganze Sätze und präzise Aussagen zu formulieren, die keinen Raum für Interpretationen lassen.

4. **Die SWOT-Analyse wird nicht auf das eigene Geschäft bezogen**
Von großen Konzernen können Sie häufig eine SWOT-Analyse im Internet oder auch in Tageszeitungen finden. Sie sind auch durchaus ein sehr guter Startpunkt für Diskussionen in Ihrem Team. Aber Vorsicht: Sehr häufig sind diese Ana-

lysen auf einem Abstraktionsniveau, aus dem Sie nur schwer Konsequenzen für Ihr *eigenes* Geschäft ziehen können.

5. Keine Schlüsse für die zukünftige Strategie

Stellen Sie sich folgende Situation vor: Der Key Account Manager soll seinen Key Account Plan beim Management seines Unternehmens vorstellen. Dazu hat er unter anderem eine sehr umfangreiche Kunden-SWOT erstellt. Während seiner Präsentation geht er nun Stärke für Stärke, Schwäche für Schwäche, Chance für Chance und Risiko für Risiko durch. Sie ahnen es wahrscheinlich schon. Hier wird viel geredet, ohne etwas gesagt zu haben. Erstellen Sie gerne eine umfangreiche SWOT, aber markieren Sie anschließend die drei wichtigsten Punkte, die für Ihr Geschäft die größte Relevanz besitzen. Und genau diese wichtigen Punkte präsentieren Sie. Außerdem sollten sich die Top-Punkte auch im letzten Teil Ihres Key Account Plans zur Strategie wiederfinden.

Wie nutzen Sie die SWOT-Analyse in einem Gespräch mit Ihrem Key Account?

Key Account Manager, die eine SWOT-Analyse in strategischen Gesprächen mit ihrem Key Account eingesetzt haben, berichten immer wieder von sehr intensiven Diskussionen. Gerade in einem Jahres- oder Strategiegespräch geht es ja darum, einerseits eine Bestandaufnahme der aktuellen Geschäftsbeziehung zu machen, andererseits über eine gemeinsame Zusammenarbeit in der Zukunft zu diskutieren und klare Umsetzungspläne zu vereinbaren. An diesem Punkt setzt die SWOT-Analyse mit den von Ihnen identifizierten Stärken und Schwächen (Bestandsaufnahme) sowie den Möglichkeiten und Gefahren (zukünftige Geschäftsbeziehung) an. Viele Kunden schätzen diese Betrachtung von außen. Voraussetzung dafür ist allerdings, dass Ihre Ansprechpartner offen für derartige Diskussion und an mehr als nur einer Verhandlung der neuen Konditionen für das nächste Jahr interessiert sind. Das heißt, auf der Kundenseite sollten Kollegen aus dem strategischen Einkauf oder dem mittleren bis höheren Management an dem Gespräch teilnehmen.

> **Coachingfragen**
>
> - Haben Sie bereits eine SWOT-Analyse für Ihren Kunden oder für sich selbst erstellt?
> - Sind Sie in der Lage, beiden SWOT-Analysen sauber zu trennen?
> - Können Sie Fehler in Ihrer letzten SWOT-Analyse finden?

3.6 Blaue Ozeane: Was macht Sie eigentlich einzigartig?

In einem strategischen Key Account Plan müssen Sie sich Gedanken über die Anforderungen des Kunden machen. Darüber hinaus gehören eine Wettbewerbsanalyse sowie eine Analyse Ihrer eigenen Position beim Kunden dazu. Sie müssen herausarbeiten, wo Handlungsbedarf besteht, sich strategische Chancen auftun und was Sie und Ihr Unternehmen aus Sicht des Kunden einzigartig macht. Darüber können Sie jetzt einen langen Text schreiben, oder Sie nutzen ein kundenorientiertes Managementwerkzeug, das alle Informationen auf einer einzigen Seite grafisch bündelt. Interessiert? Dann lassen Sie uns aufbrechen zu den blauen Ozeanen.

2005 haben W. Chan Kim und Renée Mauborgne das Buch *Blue Ocean Strategy: How To Create Uncontested Market Space And Make The Competition Irrelevant* veröffentlicht. In diesem Buch haben die beiden Autoren die Erfolge von über 100 Unternehmen über einen Zeitraum von 100 Jahren analysiert. Anschließend haben sie rückwirkend versucht, einen Werkzeugkasten zu entwickeln, wie Unternehmen *systematisch* zu derartigen Erfolgen gelangen können. Im Kern unterscheiden W. Chan Kim und Renée Mauborgne zwei Marktsituationen:

Der rote Ozean:

- sehr wettbewerbsintensiv,
- Angebote der Anbieter sind aus Sicht des Kunden vergleichbar,
- Preis wird zum maßgeblichen Entscheidungskriterium,
- Anbieter versuchen ständig etwas besser zu sein als der Wettbewerb.

Der blaue Ozean:

- kein oder wenig Wettbewerb,
- das Angebot vom Anbieter bietet aus Sicht des Kunden einen klaren Mehrwehrt und spiegelt die Bedürfnisse sowie die Kaufbereitschaft des Kunden ideal wieder,
- Preis ist daher weniger wichtig, wenn nicht sogar irrelevant,
- Anbieter fokussieren sich ausschließlich auf die Kundenbedürfnisse und die Bereitschaft des Kunden, dafür auch zu zahlen (Wettbewerb wird nicht als Maßstab gesehen!).

In welchem Ozean möchten Sie lieber schwimmen? Der Blaue Ozean ist einfach schöner, oder? Zur Visualisierung von Leistungsangeboten haben beide Autoren sogenannte „Value Curves" eingeführt und genau diese nutzen wir jetzt im Key Account Management. Die folgende Abbildung wendet die Value Curve-Technik auf einen Key Account an.

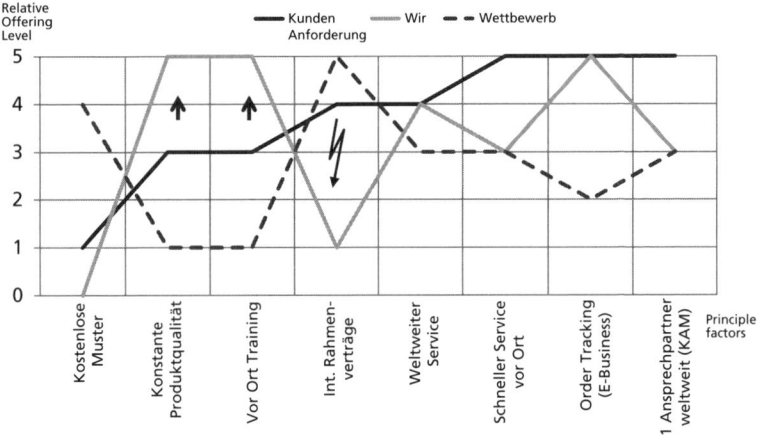

Abbildung 12: Blaue Ozeane im Key Account Management

Auf der x-Achse finden Sie die sogenannten „Principle Factors". Dabei handelt es sich um die Faktoren, die für einen Kunden bei einer (Kauf)Entscheidung maßgeblich sind. Ich habe hier beispielhaft einige Punkte festgehalten. Sie müssen die Anzahl der Faktoren aber nicht auf acht begrenzen. Allein dieser erste Teil ist eine spannende Übung: Kennen Sie wirklich die Entscheidungskriterien Ihres Key Accounts? Die meisten Key Accounter sind davon überzeugt. Nachdem sie aber die Faktoren einmal *mit* dem Kunden *überprüft* haben, kommt es sehr häufig zu einem großen Staunen.

Auf der y-Achse finden Sie die Ausprägungsstärke (0 = nicht relevant; 5 = maximale Ausprägung) der Principle Factors. In der Abbildung finden Sie eine Kurve mit den Anforderungen des Kunden. Eine zweite Kurve spiegelt Ihr Leistungsangebot *aus Sicht des Kunden* wider. Es interessiert hier nicht, wie Sie sich selbst wahrnehmen oder was Ihre Marketingabteilung denkt. Nur die Wahrnehmung des Kunden ist ausschlaggebend. Die dritte Kurve stellt das Leistungsangebot Ihres stärksten Wettbewerbers wiederum *aus Sicht des Kunden* dar. Diese Kurve sollte immer nur das Profil *eines* Wettbewerbers darstellen. Fügen Sie einfach eine weitere Kurve für einen zweiten Wettbewerber hinzu. Wenn Sie dagegen alle Wettbewerber in einer Kurve gebündelt darstellen, so würden ein Unternehmen „basteln", das es so mit all den omnipotenten Stärken gar nicht gibt.

Mit unserer Beispielabbildung kommen Sie zu folgenden Ergebnissen und Fragen:

1. Da alle für den Kunden wichtigen Faktoren rechts stehen, „lesen" Sie die Kurven auch von rechts. Ihr Unternehmen steht besser da als der Wettbewerb. Gut.
2. Schauen Sie sich den Faktor „KAM" (ganz rechts) noch einmal genauer an. Ist Ihr Key Account Management wirklich genauso gut oder schlecht das vom Wettbewerb?
3. Die fehlenden internationalen Rahmenverträge könnten Ihr Unternehmen zukünftig gefährlich werden. Daher muss dieser Faktor dringend in Ihr Unternehmen zurückgespiegelt werden.
4. Die Faktoren „Konstante Produktqualität" und „Vor-Ort-Training" liegen oberhalb der Kundenanforderungen. Daraus ergeben sich zwei strategische Optionen:
   a. Sie reduzieren Ihr Leistungsangebot beispielsweise bei den Vor-Ort-Trainings und verbessern so unsere Margensituation.
   b. Sie bringen den Kunden dazu, dass eine konstante Produktqualität sowie die Vor-Ort-Trainings zukünftig wich-

tige für ihn werden. Diese Alternative wäre schon ein echter, strategischer Ansatz in Ihrem Key Account Management!
5. Nun können Sie noch Ihre „Unique Value Proposition" (USP) aus Sicht des Kunden herausarbeiten. Welche der acht Faktoren würden Sie dabei gegenüber dem Kunden herausstellen?

Kein anderes Analysewerkzeug schafft es, die Kundenanforderungen bis hin zum eigenen USP so klar und komprimiert darzustellen. Nutzen Sie deshalb dieses Werkzeug! Allein, im Key Account Team oder auch in einem strategischen Gespräch mit Ihrem Kunden!

Blaue Ozeane im Kundengespräch einsetzen

Wenn Ihr Gesprächspartner eine Affinität zu strategischen Werkzeugen hat, dann nutzen Sie gleich die obere Abbildung. Eine Einführung in das Konzept der Blauen Ozeane gelingt schnell. Bitten Sie nun Ihren Kunden, die Faktoren und die Kurven zu erarbeiten. Anschließend verwenden Sie die Ergebnisse Grundlage für weitere Diskussionen. Ich empfehle Ihnen aber dringend, in diesem Gespräch auf die Erarbeitung der Wettbewerbskurve zu verzichten. Konzentrieren Sie sich ganz auf die Kundenanforderungen sowie die Wahrnehmung Ihres Leistungsportfolios durch Ihren Kunden. Bauen Sie dagegen die Wettbewerbskurve mit in die Diskussion ein, dann sprechen Sie ständig über den Wettbewerb, und am Ende würde Ihr Gesprächspartner vermutlich versuchen, Sie immer etwas schlechter als den Wettbewerb dastehen zu lassen. Derartige Diskussionen helfen Ihnen nicht weiter.

Falls Sie die grafische Version nicht verwenden möchte, können Sie zu einem einfachen Trick greifen, um basierend auf der Technik die Anforderungen des Kunden und seine Sicht auf Sie herauszubekommen. Verwenden Sie dazu im Gespräch ein leeres Blatt Papier oder ein Flipchart und stellen dem Kunden die Frage nach den „Principle Factors". Ihre Frage könnte beispielsweise folgendermaßen lauten: „Wenn Sie maximal acht Auswahlfaktoren benennen dürften, welche würden Sie mit dann bezogen auf unser Geschäft auswählen?" Danach folgt die Frage zur Gewichtung der einzelnen Faktoren: „Wenn Sie auf einer Skala von 0 bis 5 (0 = nicht relevant, 5 = sehr wichtig) die Faktoren bewerten müssten und nur maximal drei Faktoren mit 5 bewerten dürften, wie würde Ihr Ergebnis aussehen?" Schließlich stellen Sie noch die Frage nach der Wahrnehmung Ihrer Leistung: „Wie nehmen Sie uns heute bezogen auf ihre Anforderungen hin wahr? Wo sehen Sie unsere Stärken und wo gibt es Abweichungen zu ihren Anforderungen?" Basierend auf dieser gemeinsamen Ausarbeitung können Sie nun in die Diskussion mit Ihrem Kunden einsteigen.

Coachingfragen

- Wann werden Sie gemeinsam mit Ihrem Kernteam den USP anhand der Blauen Ozean-Technik ausarbeiten?
- Können Sie sich vorstellen, dieses Instrument bei einem Kunden einzusetzen? Wer wäre aus Ihrer Sicht dort der richtige Ansprechpartner?

3.7 Win bid/loss bid: Warum kauft ein Kunde eigentlich bei Ihnen?

Jeder kennt die Situation: Gerade bei kleineren Projekten ist es einem häufig gar nicht klar, warum sich ein Kunde gerade für eine Zusammenarbeit mit uns entschieden hat! Das mag nicht gerade professionell klingen, aber es entspricht der Wahrheit. Und wie sieht es bei Ihren Key Accounts aus? Sofern Sie über ein CRM-System verfügen, dann lohnt der Blick da hinein. Haben Sie ein Projekt verloren, dann sollte hier auch ein Grund angegeben sein. Ein Auswahlfeld gibt Ihnen verschiedene Gründe vor, die das gesamte Spektrum vom Preis bis zur Technik abdecken. Doch wie hält es Ihr CRM-System mit den gewonnenen Projekten? Müssen Sie dann auch einen Grund für diesen Gewinn angeben? Meistens ist das nicht notwendig. Aber wie wollen Sie das Geschäft mit einem wichtigen Key Account langfristig entwickeln und ausbauen, wenn Sie keine Vorstellung davon haben, warum er gerade mit Ihnen zusammenarbeitet.

Daher halte ich es gerne wie Sepp Herberger: „*Nach dem Spiel ist vor dem Spiel*" und empfehle Ihnen dringend, regelmäßig, systematisch und ehrlich Win bid-/Loss bid-Analysen durchzuführen. Hierzu können Sie die folgende, ganz einfache Checkliste verwenden[5]:

Checkliste für eine Win bid-/Loss bid-Analyse

✓ **Wie lautet der Name des Kunden?**

✓ **Was genau war dessen Problem oder Herausforderung?**

✓ **Ich habe diesen Auftrag gewonnen, weil … /Ich habe diesen Auftrag verloren, weil …**

✓ **Wer war mein stärkster Wettbewerber?**

✓ **Welche Lehren ziehe ich aus diesem gewonnenen oder verlorenen Auftrag?**

Coachingfragen

• Warum macht Ihr Key Account Kunde Geschäfte mit Ihnen?
• Was waren die entscheidenden Gründe dafür, dass Sie das letzte Projekt bzw. die letzte Ausschreibung gewonnen oder auch verloren haben?
• Welche Konsequenzen ergeben sich daraus aus Ihrer Sicht?

3.8 Potenzialanalyse: Zehn Ansatzpunkte für Ihre Potenzialeinschätzung

Kontinuierlich neue Umsatzpotenziale zu identifizieren, gehört zu den Kernaufgaben eines Key Account Managers. Eine professionell durchgeführte Kundenanalyse sowie eine Wettbewerbsanalyse bilden dazu die Basis. In der Praxis ist es aber nicht immer einfach, aus diesen Analysen direkt konkrete Umsatzpotenziale abzuleiten. Die folgende Excel-Tabelle kann Sie dabei unterstützen, systematisch alle Potenzialbereiche zu beleuchten und am Ende ein realistisches Gesamtpotenzial

---

[5] Quelle: Sieck, Erfolgreich verkaufen im B2B, SpringerGabler 2014.

zu ermitteln. Das folgende Werkzeug wurde von mir lediglich leicht ergänzt. Im Kern hat es Dr. Hans Sidow erarbeitet, der Wegbereiter im deutschsprachigen Raum zum Thema Key Account Management.

 **Buchtipp:**

Hans Sidow, Key Account Marketing & Key Account Selling.

Potenzialbereich	Gesamtpotenzial in €	Davon realistisch generierbar in %	Realistisches Potenzial in €	Details (Produkte, Ansätze, …)
Umsatz Vorjahr	1.000,00 €	100%	1.000,00 €	
Kunde wächst (z.B. durch neue Länder, neue Geschäftsbereiche, neue Outlets, Marktwachstum, …)			– €	
Cross-Selling (z.B. weitere Produkte)			– €	
Up-Selling (z.B. Serviceleistungen)			– €	
Neue Produkte/Innovationen			– €	
Gezielte Akquise in weiteren Geschäftsbereichen/Landes- organisationen des Kunden			– €	
Optimierungen in Ihrem Unternehmen			– €	
Optimierungen beim Kunden			– €	
Schwäche der Wettbewerber (Qualitäts- oder Lieferprobleme)			– €	
Neue Anforderungen des Marktes (z.B. gesetzliche Vorgaben, die der Kunde erfüllen muss, …)			– €	
Preiserhöhungen			– €	
Errechnetes Potenzial	1.000,00 €		1.000,00 €	

Abbildung 13: Potenzialanalyse nach Dr. Hans Sidow

Aufbauend auf der Kunden- und Wettbewerbsanalyse können Sie zehn verschiedene Potenzialbereiche durchlaufen. Die erste Zeile ist für das Vorjahr reserviert, welches wir als Ausgangs-basis unserer Aufstellung verwenden. Anschließend geben Sie in der zweiten Spalte für die zehn Potenzialbereiche das zusätzliche Gesamtpotenzial an. Aber Achtung: Das Potenzial kann dabei ein positives oder auch ein negatives Vorzeichen haben. Ein Beispiel: Sie stellen Bohrmaschinen her und Ihr Key Account ist ein Key Account aus dem Baummarktbereich. Im ersten Szenario eröffnet Ihr Kunde im Folgejahr zehn neue Filialen. Pro Filiale erwirtschaften Sie einen Umsatz von etwa

30.000 € pro Jahr, was zu einem Gesamtpotenzial von zusätz-
lich 300.000 € führen kann. Im zweiten Szenario schließt Ihr
Kunde zehn Filialen, was einen Umsatzrückgang nach sich
ziehen kann. Das Gesamtpotenzial wäre somit −300.000 €.
In der dritten Spalten bewerten Sie die Wahrscheinlichkeit,
dass Sie dieses Umsatzpotenzial überhaupt realisieren können. In der Spalte vier ergibt sich somit eine Größe, die Sie
auch wirklich in Ihre Budgetplanung für das kommende Jahr
aufnehmen können. Die letzte Spalte ist für Kommentare, in
der Sie weitere Details zu den Produkten und Hintergründen
angeben können. Die Tabelle ist so einfach und gleichzeitig
absolut wichtig. Deshalb sollte sie in jeden Key Account Plan
eingebaut werden.

Coachingfragen

- Wie ermitteln Sie derzeit das adressierbare Potenzial bei Ihrem Key Account Kunden? Gibt es Daumenregeln, die Ihnen
  eine grobe Abschätzung ermöglichen?
- Wie würden Sie die Tabelle anpassen, damit sie genau zu
  Ihren Bedürfnissen passt?

3.9 Ihre Key Account Strategie: Ziele, Strategien und Maßnahmen sind drei paar Schuhe!

Mit den bisherigen strategischen Werkzeugen können Sie einen
Kunden, sein Marktumfeld und Ihre eigene Wettbewerbsposi-
tion beim Kunden analysieren. Mit der Potenzialanalyse können Sie im Anschluss systematisch Geschäftsmöglichkeiten
ausarbeiten. Nun kommt der Zeitpunkt, sich der sogenannten
Kundenentwicklungs- oder Account Strategie zu widmen. In
der Praxis werden hier leider viele Begriffe durcheinander und
sehr unterschiedlich verwendet. Um etwas Struktur in Ihre
Überlegungen zu bringen, halte ich das MOST-Werkzeug für
sehr hilfreich.

M	Mission
O	Objectives
S	Strategies
T	Tactics

Mit diesem Werkzeug bringen Sie eine klare Struktur in Ihre Account-Strategie.

Mission (M)

Überschneidet sich die Mission Ihres Key Accounts mit der Ihres eigenen Unternehmens, dann wird das als „**Strategic Fit**" bezeichnet und kann als Geschäftsgrundlage verwendet werden. Das klingt gut, ist aber in meinen Augen blanke Theorie. Meine Empfehlung lautet, dass das Key Account Management immer eine mittel- bis langfristige Perspektive haben sollte. Und genau für diese langfristige *Orientierung* nutzen Sie die Mission, also als Dach für die Geschäftstätigkeit mit Ihrem Key Account. Hier das Beispiel einer Mission aus der Arbeit mit meinem Kunden HRS (Hotel Reservation Service): „Für HRS ist Hartmut Sieck **der** bevorzugte Beratungs- und Trainingspartner für die Themen Key Account Management und Consultative Value based Selling **weltweit**."

Diese Aussage kann ich gezielt zur Positionierung gegenüber HRS verwenden und klar meinen Anspruch gegenüber dem Management des Unternehmens aufzeigen. Achten Sie bei der Formulierung auch auf die „Zwischentöne": „... der bevorzugte ..." bedeutet in diesem Beispiel, dass ich der einzige Partner bin. Würde der Kunde in seiner Einkaufsstrategie vorgeben, dass er immer zwei oder mehr Lieferanten pro Fragestellung hat, wäre die Formulierung „... einer der bevorzugten ..." angebrachter.

Objectives (O)

Während die Mission eher die mittel- bis langfristige Perspektive abbildet, sind Ziele in den meisten Fällen eher kurz- bis mittelfristig ausgerichtet. Es steht der Blick auf das Budget des nächsten Geschäftsjahres im Vordergrund. Als bekennender Verfechter eines langfristig orientierten Key Account Managements empfehle ich Ihnen, drei bis fünf strategische Ziele mit zu betrachten.

Checkliste zu kritischen Erfolgsfaktoren bei der Zielsetzung

✓ **Fokussieren Sie sich auf drei bis maximal fünf strategisch wichtige Ziele**
Im Key Account Management spielt Fokussierung eine sehr wichtige Rolle. Je mehr Ziele Sie sich setzen, umso häufiger werden Sie Ihren eigenen Fokus verlieren und umso schwieriger wird es für Sie, den Rest Ihres Unternehmens hinter sich zu bringen. Fokussieren Sie sich deshalb auf drei bis maximal fünf wichtige Ziele, die Sie mit einem 120-prozentigen Einsatz verfolgen!

✓ **Ihre Ziele gehen über Absatz- und Umsatzziele hinaus**
Im klassischen Vertrieb wird üblicherweise auf Absatz-, Gewinn- und Umsatzziele fokussiert. KAM sollte darüber hinausgehen, und somit können auch andere Ziele eine hohe Bedeutung erlangen. Hierzu recht einfache Beispiele:
* Ziel 1: klares Umsatzziel,
* Ziel 2: Einführung eines neuen Produkts, Wettbewerbsverdrängung,
* Ziel 3: Intensivierung der Beziehung, Auszeichnung durch mit einem „Supplier Award" durch den Kunden.

✓ **Ihre Ziele sind SMART**
Schließlich sollten Ihre Ziele SMART sein:
* S (Specific): Ziele müssen spezifisch und so genau wie möglich formuliert sein.
* M (Measurable): Ziele müssen messbar sein. Auch qualitative Ziele, wie die Verbesserung einer Kundenbeziehung, können gemessen werden. Fragen Sie sich immer, woran Sie festmachen, dass Sie ein Ziel erreicht haben? Bezogen auf die Kundenbeziehung könnte es sein, dass Ihr Ansprechpartner endlich einer Einladung zu einer wichtigen Veranstaltung gefolgt ist.
* A (Achievable): Ziele müssen erreichbar sein. Zugegeben, mit diesem Punkt habe ich manchmal so meine Probleme, denn wenn Sie in einem KAM-Workshop einmal ein scheinbar unrealistisches Ziel in den Raum werfen, wie „In den nächsten drei Jahren verdreifachen wir den Umsatz mit unserem Kunden!", kommen nämlich plötzlich ganz kreative Ideen zutage. Wenn das Ziel dagegen wie immer lautet („Nächstes Jahr möchten wir wieder 5 % mehr Umsatz ma-

chen!", werden Sie Ihr Tun und Handeln nicht wirklich verändern. In einem finalen Key Account Plan sollten Sie aber
immer *erreichbare* Ziele berücksichtigen, denn schließlich
hängt auch Ihr Bonus vom Erreichen der Ziele ab.

- R (Relevant): Die Ziele müssen relevant bezogen auf Ihre
  Mission sein und zu Ihrer gesamten Unternehmensstrategie
  passen. Wenn beides nicht gegeben ist, wird es mit einer
  Umsetzung langfristiger Ziele wieder schwierig.
- T (Timed): Ziele brauchen einen klar definierten Zeithorizont. Im Vertrieb und Key Account Management hat sich
  der 31.12. beziehungsweise der letzte Tag im Geschäftsjahr
  als entscheidender Stichtag etabliert. Sie sollten sich aber
  auch unterjährig Ziele setzen, um damit gerade den Druck
  in den letzten Wochen eines Geschäftsjahres zu reduzieren.

Strategy (S)

Vertriebsleiter fragen Key Account Manager gerne nach ihrer
Strategie. Jedes Unternehmen erstellt laufend neue Strategien,
und am Ende verwechselt man eine Strategie gerne mit einem
Ziel oder einer Maßnahme.

Eine Strategie beschreibt aber den Weg, wie Sie ein Ziel erreichen! Diese Definition unterstreicht einmal mehr die Struktur
vom des MOST-Werkzeuges. Zuerst wird ein Ziel bestimmt,
dann die Wegbeschreibung erarbeitet und zum Schluss notwendige Maßnahmen (Tactics) zur Umsetzung festgelegt.
Wenn ich in Coachings Vertriebler frage, mit welcher Strategie
sie einen Auftrag gewinnen wollen, kommen häufig Antworten
wie: *„Wir geben ein Angebot ab!"* oder *„Wir machen einen Termin
mit Herrn Müller!"* … Sie ahnen es schon, hier handelt es sich
um Maßnahmen, nicht um Strategien.

Eine gute Strategie kann sich an folgenden Punkten orientieren:

- Ihr Alleinstellungsmerkmal (USP),
- eine Veränderung beim Kunden (beispielsweise durch Än-
  derung der Einkaufsstrategie),
- eine Veränderung im Markt (beispielsweise durch regulatorische Vorgaben, die der Kunde erfüllen muss),
- Schwächen des Wettbewerbers (beispielsweise bei Qualitäts-
  oder Verfügbarkeitsproblemen).

An dieser Stelle einige Beispiele, die sich für die Entwicklung einer Strategie für ein kurz- und mittelfristiges Umsatzwachstum eignen:

• Der der Kunde im nächsten Jahr zehn neue Filialen eröffnen wird, können wir unseren Umsatz um x% steigern.

• Da der Kunde ab nächstem Jahr neuen Brandschutzbestimmungen erfüllen muss, und er dies nur mit uns als bestehenden Lieferanten durchführen kann, werden wir unseren Umsatz um x% steigern.

• Der Kunde hat seine Einkaufsstrategie geändert und will zukünftig auf zwei gleichwertige Kernlieferanten zurückgreifen. Damit kann der derzeitige Lieferanteil von 20 % auf 40 % ausgebaut werden.

• Wir machen uns die Schwäche unseres Wettbewerbers zunutze, da er im Produktbereich A Lieferzeiten von über sechs Monaten hat. Unser Kunde benötigt aber schneller weitere Komponenten, sodass wir unseren Lieferanteil in diesem Produktbereich gezielt ausbauen können.

• Der Kunde möchte im kommenden Jahr um x% wachsen. Er ist im Produktbereich B ein reiner Preiskäufer. Da wir der günstigste Anbieter im Markt sind, genügt die Abgabe von einem Bündelangebot, um den Umsatz gezielt auszubauen.

Alle gerade beschriebenen Strategien sind sogenannte „Frontal-Strategien". Klare Veränderungen, Auslöser und Alleinstellungsmerkmale machen es möglich, dass wir gerade auf unser Ziel zulaufen können. Daneben gibt es aber noch andere wichtige Strategien im Key Account Management, die ich Ihnen nicht vorenthalten möchte:

• **Flankierende Strategie**
Ihr Wettbewerb verfügt über ein gutes Beziehungsgeflecht in die Zentrale, Sie dagegen über starke Beziehungen in eine Niederlassung Ihres Kunden. Deshalb werden Sie zunächst in der Filiale ein neues Produkt platzieren und machen sich anschließend die gute Vernetzung des Niederlassungsleiters in die Firmenzentrale zunutze, um dort Ihr neues Produkt zu positionieren. Sie versuchen also indirekt über die Niederlassung, die Firmenzentrale von Ihrem neuen Produkt zu überzeugen.

- **Teilen als Strategie**
  Da Ihr Kunde eine Zweilieferantenstrategie verfolgt, reduzieren Sie Ihre Akquisebemühungen im Bereich A, um die Marge nicht zu gefährden, und benennen sogar einen Wettbewerber als Alternativlieferanten. Auf der anderen Seite versuchen Sie gezielt, Ihren Lieferanteil im Produktbereich B ausbauen, da hier die Marge überproportional hoch ist. Teilen bedeutet in diesem Fall, dass Sie gezielt auf Geschäft verzichten, um ein anderes zu bekommen! Nicht selten ist der Vertrieb auf eine Maximierung seiner Lieferanteile beim Kunden fixiert. Doch was ist, wenn der Kunde sich gar nicht in eine derartige Abhängigkeit begeben will?

- **Verteidigen, wenn es denn sein muss**
  Ein Wettbewerber versucht zurzeit gezielt Ihren Kunden über attraktive Angebot zu gewinnen. In diesem Fall können Sie sich mit einer Gesamtkostenkalkulation verteidigen, in dem Sie dem Kunden die Umstiegskosten auf einen neuen Lieferanten transparent machen (z. B. zusätzlicher Aufwand in der Konstruktion, im Ersatzteil- oder Schulungsbereich). Verteidigen Sie Ihr Geschäft, indem Sie alternativ Hürden für den Kunden oder den Wettbewerber aufbauen.

- **Verzögern oder beschleunigen**
  Es gibt Gerüchte, dass Ihr Key Account mit einem anderen Unternehmen innerhalb der nächsten 12 Monate fusionieren könnte. Da diese Fusion strategisch von Wettbewerbern als Einstieg bei Ihrem Kunden genutzt werden könnte, ziehen Sie die Verhandlungen über den neuen Wartungsvertrag um sechs Monate vor und binden den Kunden über ein sehr attraktives Angebot an Ihr Unternehmen. Sie erschweren somit den Markteinstieg eines Wettbewerbers. Im Falle einer Verzögerungsstrategie versuchen Sie dagegen, die Entscheidung eines Kunden in die Zukunft zu verschieben.

Tactics (T)

Wenn die Strategie (der Fahrplan) definiert ist, können konkrete Aktionen zur Umsetzung festgelegt werden. Tactics sind also Meilensteine oder Aktionspunkte. Dazu gehört eine Palette zahlreicher externer und interner Maßnahmen wie Kundentermine, Präsentationen, interne Besprechungen, Angebote, Teststellungen, Musterbeschaffung, ... Es müssen Fragen beantwortet werden:

- *Was* muss getan werden?
- *Wer* macht es?
- Bis *wann* muss es erledigt sein?
- *Wie* ist der aktuelle Status der Umsetzung?

Requirements (R)

Nach meiner Erfahrung sollten Sie gerade im Key Account Management dem strategischen Werkzeug MOST noch einen weiteren Buchstaben hinzuzufügen und aus MOST ein MOST(R) machen. Das „R" steht dabei für Requirements (Anforderungen). Als Key Account Manager sind sie wie ein freier Handelsvertreter. Sie stehen immer zwischen dem Key Account und dem Rest Ihres Unternehmens. Sie zeigen Potenziale auf und erarbeiten mit Ihrem Team auch klare Ziele. Sie stellen an Ihr Unternehmen Anforderungen, damit Ihre Ziele überhaupt erreicht werden können! Sie benötigen beispielsweise zusätzliche Servicekräfte bei einem Kunden, da Ihr Unternehmen ansonsten in der Lieferantenbewertung weiter abrutschen und somit bei der nächsten Ausschreibung zusätzliche Minuspunkte erhalten könnte. Oder es muss ein Produkt bis zu einem bestimmten Termin fertig sein, da die Entscheidung für die Produkteinführung beim Kunden zu diesem Termin fällt.

Coachingfragen

- Berücksichtigt Ihre Account Strategie bereits heute das MOST(R)-Werkzeug?
- Verfügen Sie über eine langfristig ausgerichtete Mission?
- Haben Sie drei strategisch wichtige und SMARTE Ziele definiert?
- Mit welcher Strategie wollen Sie diese Ziele erreichen?
- Ist Ihre Strategie wirklich eine Strategie oder doch eher eine Maßnahme?

3.10 Ihr Plan für die nächsten 24 Monate

Starten wir diesen Abschnitt mit einem kleinen Test. Gerade im Key Account Management machen wir uns viele Gedanken um die Bindung von Kunden und die Beziehungspflege. Betrachten Sie die vier klassischen Instrumente der Beziehungspflege in der folgenden Tabelle. Gehören Sie eher zu den Treibern, oder sind Sie Getriebener?

	Treiber	Getriebener
Messen		
Weihnachtskarten		
Veranstaltungen jeglicher Art		
Treffen auf Senior Management-Ebene		

Nicht selten kommt ein Impuls für die Beziehungspflege von außen, beispielsweise aus dem Marketing. Wie viele Weihnachtskarten benötigen Sie? Wen möchten Sie zu einer Messe einladen? Das Büro vom Chef ruft an, da er einmal wieder einen Kunden besuchen möchte. Sie werden von anderen Abteilungen getrieben und machen sich Gedanken darüber, was zu tun ist. Hier ein etwas überzeichnetes, aber wahres Beispiel: In einem KAM-Workshop eines Automobilzulieferers erstellten wir einen Key Account Plan für BMW. Meine Frage an die Teilnehmer lautete: Mit welchen Kundenbindungsmaßnahmen könnten Sie die Beziehung zu BMW weiter festigen? Folgender Dialog entstand daraufhin:

Teilnehmer 1: Wir sind in München, da bietet sich das Oktoberfest doch an!

Teilnehmer 2: Klasse Idee, haben wir denn dort einen Tisch reserviert?

Teilnehmer 3: Nein.

Schweigen. Und gleichzeitig kommt etwas Unruhe auf, denn es ist bereits Ende Juli. Mit einer Reservierung für dieses Jahr wird es wohl nichts!

Teilnehmer 4: Hat uns das BMW-Team nicht letztes Jahr etwas pikiert angeschaut, weil wir sie nicht zum Oktoberfest eingeladen haben?

Kurzum: Keiner hat sich um das Thema gekümmert. Und wieder greift der zentrale Grundsatz im Key Account Management: Wenn Sie als Key Account Manager sind nicht darum kümmern, macht es keiner! Wie gehen Sie dabei am besten vor?

Dazu greifen Sie auf ein einfaches, aber sehr hilfreiches Werkzeug zurück. Sie erstellen eine Tabelle, wobei Sie in der linken Spalte die wichtigsten Ansprechpartner Ihres Kunden festhalten. Diese erhalten Sie beispielsweise aus der Power Map-Analyse. In die weiteren Spalten tragen Sie dann für die nächsten vier bis acht Quartale Ihre Aktionen ein, was Sie mit wem wann machen wollen. Typischerweise starten Sie mit festen Terminen wie Messen oder anderen wichtigen Veranstaltungen. Denken Sie dabei auch an Ihre definierten Ziele: Welche Botschaften müssen Sie wann und bei wem platzieren, um Ihr Ziel zu erreichen? Ihre Tabelle schließen Sie mit einem simplen Check ab: Stehen Sie mit allen wichtigen Personen auf Ihrer Liste in regelmäßigem Kontakt? Hier eine beispielhafte Tabelle.

Ansprech-partner	Q1	Q2	Q3	Q4
Max Müller Geschäfts-führer	Jahresauf-taktge-spräch mit unserer Geschäfts-führung (Botschaft platzieren: Ankündi-gung neu-er Service-leistungen im Bereich A.)		Treffen auf Messe IAA (Botschaft platzieren: Erste Suc-cess stories mit den Serviceleis-tungen. Einladung für Test-versuch ausspre-chen.)	Persönli-cher Anruf unserer Geschäfts-führung (Dank aus-sprechen für das abgelaufe-ne Jahr)

Auffällig ist die Leere im zweiten Quartal. Drei Monate kein Kontakt zu Ihrem Key Account?

Coachingfrage

* Wie sieht Ihr persönlicher, auf die nächsten acht Quartale ausgerichteter Kundenbindungsplan aus?

Die Umsetzung im Tagesgeschäft und beim Kunden

4

„Key Account Management ist wie eine Ehe. Je länger wir in einer Geschäftsbeziehung stehen, umso mehr verlieren wir unsere Neugier. Wir kennen den Partner ja schon! Dumm nur, dass sich Kunden ändern!"

Die beste Strategie im Key Account Management nützt nichts, wenn sie am Ende vor Ort beim Kunden nicht richtig umgesetzt wird. In diesem Kapitel geht es deshalb darum, die PS auf die Straße zu bringen. Herausgegriffen habe ich dazu die drei wichtigsten Elemente:

1. das strategische Jahresgespräch,
2. die täglichen Kundentermine,
3. anstehende Verhandlungen.

4.1 Strategisches Jahresgespräch

Ein strategisches Jahresgespräch verfolgt in der Regel zwei Ziele. Zum einen geht es um einen Rückblick auf die gemeinsamen Aktivitäten der letzten 12 Monate und zum anderen sollen möglichst präzise Vereinbarungen über die zukünftige Partnerschaft bestimmt werden. Im Handel sind diese Gespräche ein fester Bestandteil. Im Investitionsgüter- und Dienstleistungsbereich hingegen finden diese Gespräche nicht immer statt. ABER: Da ein Key Account eine hohe strategische Bedeutung für Ihr Unternehmen hat, gilt aus meiner Sicht, auf alle Fälle Jahresgespräche mit Ihren Key Accounts zu vereinbaren und durchzuführen!

Vorbereitung

Da Jahresgespräche einerseits gerne in PowerPoint-Folienschlachten und andererseits am Ende doch immer in Verhandlungen enden, hier eine Checkliste, wie Sie sich professionell auf dieses Gespräch vorbereiten können.

Checkliste Vorbereitung auf ein Jahresgespräch

✓ **Faktensammlung der letzten 12 Monate**
- Wie hat sich das Geschäft in Zahlen entwickelt?
- Was waren die drei Highlights und was die drei 3 Lowlights des Jahres?
  Ich persönlich unterscheide dabei gerne zwischen „Key Account", „Wir" und „Gemeinsam".
  Beispiele Highlights:
- Key Account: Eröffnung des neuen Produktionsstandorts hat die gemeinsame Geschäftsbeziehung über ein Volumen von x€ gebracht.
- Wir: Einführung des Produkts x erfolgte termingerecht, und somit konnte die Erstausstattung der neuen Kundenanlage in Shanghai komplett im Zeitplan umgesetzt werden.
- Gemeinsam: Durch die neu eingeführte, monatliche Abstimmung zwischen Einkauf und Vertrieb konnten wir gemeinsam die Abnahmeplanung noch genauer gestalten und somit die Liefertermine zu 99,8 % einhalten.

✓ **Ihre Ziele und mögliche weitere Themen**
- Wie lauten Ihre drei Top-Ziele für diesen Kunden (siehe Key Account Plan) und was gilt es dementsprechend im Jahresgespräch zu thematisieren?
- Welche weiteren Themen müssen aus Ihrer Sicht beziehungsweise aus Sicht des Kunden noch im Gespräch aufgegriffen werden?

✓ **Teilnehmer**
- Wer sollte auf der Kundenseite teilnehmen, damit bezogen auf Ihre Top-Ziele auch wirklich Entscheidungen getroffen werden können?
- Wer wird auf alle Fälle (ob Sie es wollen oder nicht) am Gespräch auf der Kundenseite teilnehmen?
- Was wissen Sie über diese Teilnehmer? Was sind deren Interessen? Wie „ticken" sie? Was wird vermutlich in der Ziel- bzw. Bonusvereinbarung dieser Teilnehmer stehen?
- Wer sollte von Ihrer Seite an dem Gespräch teilnehmen?

✓ **Agenda**
- Wie strukturieren Sie das Gespräch?
- Wie sieht die offizielle Agenda dann aus?
  Hinweis: Während die Gesprächsstruktur wirklich vom ersten „Guten Tag!" bis zum „Auf Wiedersehen" geht und darin eine rote Linie zu erkennen sein sollte, beinhaltet die Agenda lediglich die offiziellen Gliederungspunkte des Jahresgesprächs.

✓ **Unterlagen und Präsentation**
- Welche Unterlagen, Muster usw. wollen Sie zu diesem Termin mitnehmen?
- Wenn Sie eine Präsentation erstellen, wie strukturieren Sie diese? Achten Sie dabei insbesondere auf den Start und das Ende. Auch heute noch enden die meisten Präsentationen mit einem freundlichen „Vielen Dank!". Was hier fehlt ist eine Kernaussage aus Ihrer Präsentation oder alternativ die Aufforderung, eine Diskussion zu beginnen.

✓ **Ort des Gesprächs**
- Wo findet das Gespräch statt? Wie ist der Besprechungsraum technisch ausgestattet? Unterschätzen Sie bitte diesen banalen Punkt nicht, da Jahresgespräche an allen möglichen und unmöglichen Orten stattfinden. Das reicht von der Hightech-Vorstandsetage bis hin zum Gespräch im Großraumbüro beim Einkäufer.

Coachingfrage

- Was können Sie die Vorbereitung Ihrer Jahresgespräche verbessern?

Die richtige Struktur macht's

In der Praxis hat sich für Jahresgespräche eine Grundstruktur bewährt, die ich im Folgenden gerne mit Ihnen teilen möchte. Gestatten Sie mir dazu noch bewusst zwischen Struktur und Agenda zu unterscheiden. Eine Agenda beschreibt die Abfolge der offiziell zu bearbeitenden Punkte. Eine Gesprächsstruktur geht darüber hinaus und begleitet Sie somit vom ersten bis zum letzten Händedruck.

Struktur des Jahresgesprächs

☐ Vertrauen aufbauen (Smalltalk)
☐ Vorstellungsrunde (falls unbekannte Personen teilnehmen;
bitte gleich in die Power Map-Analyse einsteigen!)

Rahmen setzen (Gesprächsziel, -themen, Agenda) sowie
Überprüfung der verfügbaren Zeit

1. Rückblick auf die letzte Geschäftsperiode
   a) Kundenperspektive
   b) Ihre Perspektive
2. Kundengeschäftsstrategie 20xx
3. Eigene Strategie 20xx – Produkt- und Serviceinnovationen auf
   einen Blick
4. Gemeinsame Ziele 20xx
5. Gemeinsamer Umsetzungsplan 20xx
6. Zusammenfassung und konkrete nächste Schritte

☐ Verabschiedung und Smalltalk

Offizieller Teil (Seitliche Beschriftung)

Welche sind die Erfolgsfaktoren einer Agenda?

- Beim Agendapunkt 1. (Geschäftsrückblick) sollte auf alle Fälle der Kunde starten. So können Sie in Ihren Aussagen bewusst die Brücke zu den Kundenaussagen schlagen und haben es für diesen Teil selbst in der Hand, dass dieser positiv endet.
- Bei den Agendapunkten 2. (Kundengeschäftsstrategie) und 3. (Eigene Strategie) ist ebenfalls die Reihenfolge aus 1. wichtig. Denn so können Sie wieder auf die Kundenstrategie referenzieren und Gemeinsamkeiten herausstellen.
- Bei 4. (Gemeinsame Ziele) gilt es möglichst präzise zu werden. Hier einige Beispiele für dem Handel: Welche neuen Produkte sollen gelistet werden? Welches gemeinsames Umsatzziel wird angestrebt? Welche Zweitplatzierungen sollen durchgeführt werden? ...
- Ich trenne gern die Agendapunkte 4. (Ziel) und 5. (Umsetzungsplan), da Sie damit sicherstellen, dass Sie über beide Themen auch sprechen und die Punkte in eine (richtige) Reihenfolge bringen. Zuerst kommen die Ziele und dann der gemeinsame Marketing- und Aktionsplan, womit die Ziele erreicht werden sollen. Im Investitionsgüterbereich

finden Sie sehr häufig den Punkt 5. leider nicht auf der Agenda. Aber auch hier sollten Sie möglichst konkrete Aktionen festlegen. Wann werden beispielsweise welche neuen Produkte von wem getestet? ...

Coachingfrage

- Wie sieht Ihre Struktur und Agenda für ein strategisches Jahresgespräch aus? Wo gibt es noch weitere Optimierungsmöglichkeiten?

4.2 Kundentermine

Neben dem wichtigen strategischen Jahresgespräch gibt es im operativen Leben des Key Account Managers auch noch die vielen kleinen Kundentermine.

Kundentermine professionell vorbereiten

Hier eine strukturierte Checkliste, um Kundentermine professionell vorzubereiten.

Checkliste: Kundentermine professionell vorbereiten

✓ **Was ist Ihr konkretes Gesprächsziel?**
Ziele steuern unser Handeln! Doch gerade im Vertrieb sind wir bei den täglichen Kundenterminen meist sehr „flexibel", um nicht zu sagen zu vage unterwegs. Je klarer Sie mit sich selbst bezüglich des Ziels sind, umso besser werden Sie Ihr Gespräch strukturieren und Ihre Botschaften sein: Wollen Sie nach einem Termin eine weitere Anfrage vom Kunden erhalten? Möchten Sie die Abnahmemengen mit dem Kunden durchsprechen und vereinbaren? Gilt es, eine Reklamation kundenorientiert aufzunehmen und dem Kunden einen klaren Fahrplan für die Umsetzung aufzuzeigen?

✓ **Wer sind die Teilnehmer auf der Kundenseite, und was wissen Sie über diese Personen?**
Nutzen Sie auch wieder gezielt die sozialen Netze, wie XING, LinkedIN oder auch Facebook, um im Vorfeld mehr über Ihre Gesprächspartner in Erfahrung zu bringen.

✓ **Wie lauten Ihre drei bis maximal fünf Kernbotschaften für** *jeden* **Teilnehmer?**
Stellen Sie sich vor, Sie haben einen Termin mit dem Geschäftsführer, dem Einkaufsleiter sowie dem Leiter der Produktion. Diese drei Ansprechpartner haben ggf. ganz unterschiedliche Interessen und Prioritäten. Entsprechend sollten Sie auch Ihre Botschaften anpassen. Außerdem kann ich Ihnen versprechen, dass Sie in Gesprächen mit den drei bis fünf Botschaften im Hinterkopf wesentlich sicherer werden und auch mit kurzfristigen Veränderungen wie Terminkürzungen sicherer umgehen werden.

✓ **Wie strukturiere Sie das Gespräch?**
Wer Gespräche strukturiert, kann sie besser lenken! Gerade in Trainings ist es immer wieder faszinierend zu sehen, wie unterschiedlich Gespräche laufen können. Diejenigen, die eine klare Struktur und die Agenda auch mit dem Kunden abgestimmt haben, lenken das Gespräch. Ohne Agenda und Struktur führt eine Frage des Kunden leicht zu ausufernden Diskussionen, die Sie im schlimmsten Fall weit weg von Ihrem Ziel bringen.

✓ **Welche Einwände könnte der Kunde vorbringen und wie begegnen Sie diesen Einwänden?**

✓ **Welche unterstützenden Materialien setzen Sie ein** (PowerPoint-Präsentation, Produktmuster, Katalog und Broschüren, ...)?

✓ **Welche weiteren Fragen möchten Sie noch stellen? Was müssen Sie vom Kunden noch in Erfahrung bringen?**

✓ **Haben Sie den Gesprächstermin schriftlich bestätigt** (E-Mail, Outlook-Einladung)?

? Coachingfrage

• Wie können Sie Ihr Vorgehen in Bezug auf die Gesprächsvorbereitung noch weiter entwickeln?

Kundentermine verkaufsorientiert strukturieren

In dieser Überschrift stecken zwei Wörter mit großer Bedeutung: „verkaufsorientiert" und „strukturieren". Hier zwei Praxisfälle, die die Bedeutung dieser beiden Aspekte noch einmal unterstreichen:

Fall 1: Interessantes Kundengespräch, nur leider nicht verkaufsorientiert

Aus meiner aktiven Zeit als Key Account Manager kann ich mich noch sehr gut an einen besonderen Termin erinnern. Ausgestattet mit einer perfekten Präsentation für eine neue Lösung sind wir zu dritt (Key Account Manager, Bereichsleiter und ein Vertreter aus dem Vorstand) beim Kunden angetreten. Voller Begeisterung haben wir die neue Lösung präsentiert, und wir waren komplett begeistert von diesem Termin: Der Kunde war freundlich und hat viele interessante Fragen gestellt, die wir alle kompetent beantworten konnten. Kurzum: Es war ein sehr angenehmes Gespräch, aus dem der Kunde viel mitgenommen hat. Leider hat sich danach alles wieder im Sande verlaufen, und verkauft haben wir nichts! Einer der Gründe dafür: Wir präsentierten unsere Lösung lediglich und waren „stolz wie Oskar". Wir beantworteten die Fragen des Kunden; und genau das war auch unser Gesprächsziel. Wir wollten den Kunden informieren. Streichen Sie ab sofort derartige Kundeninformationstermine aus Ihrem Kopf. Sie wollen doch bei Ihren Terminen etwas erreichen?

Hätten wir ein verkaufsorientiertes Ziel gehabt, dann hätten wir das Gespräch auch anders aufgebaut. Verkaufsorientiert heißt nicht nur, die Unterschrift des Kunden zu bekommen, sondern vielmehr, sein Potenzial durch das Vehikel einer Lösungspräsentation auszuloten oder den Kunden von der neuen Lösung zu begeistern, um eine Einladung zu einem Testaufbau zu erhalten. Im ersten Fall hätten wir uns im Vorfeld mehr Fragen überlegt oder in die Agenda einen Punkt „Kundenanforderungen" aufgenommen. Im zweiten Fall wäre ein letzter Punkt auf der Agenda mit der Überschrift „Vorschlag für einen Feldtest" sicherlich sinnvoll. Kurzum: Wir hätten eine *Handlungsaufforderung* gestellt. Stattdessen haben wir nur brav präsentiert und Fragen beantwortet.

Fall 2: Nettes Gespräch, mehr aber auch nicht

Dieser Fall spielt sich mehrmals im Monat in einem meiner Seminare ab. Die Teilnehmer bekommen die Aufgabe, einen anstehenden Kundentermin vorzubereiten und anschließend im Training zu simulieren. Dabei entstehen meistens drei unterschiedliche Fraktionen. Die erste Fraktion strukturiert ihr Gespräch und einige tauschen sogar vor dem Termin ihre Agenda mit dem Kunden aus. Die zweite Fraktion hat für sich eine grobe Struktur im Kopf festgelegt und die dritte Gruppe geht ohne Struktur ins Gespräch.

Nun kommt es im Gespräch zu der Situation, dass der Kunde einige neugierige Fragen stellt und sich ein Dialog entwickelt. Die erste Gruppe, die eine klare Agenda ausgearbeitet und kommuniziert hat, lenkt das Gespräch wesentlich stärker und holt auch mehr aus dem Gespräch heraus. Fragen des Kunden werden gegebenenfalls auch einmal zurückgestellt, wenn ein dafür passenderer Punkt noch auf der Agenda steht. Läuft die Zeit davon, dann bemerkt das die strukturierte Fraktion am schnellsten und steuert dagegen. Bei den Damen und Herren ohne Struktur und Agenda bleibt es sehr häufig bei einem netten Gespräch!

Was bedeutet das nun für Ihre tägliche Praxis? Als Grundlage für alle Ihre Kundentermine empfehle ich Ihnen eine soge-nannte 4+2-Struktur, die im Folgenden beispielhaft an einem Erstgespräch mit einem neuen Ansprechpartner beim Key Account Kunden aufgezeigt wird.

1. Vertrauen aufbauen
Sehr häufig finden Sie in der Literatur als ersten Punkt den Begriff „Smalltalk". Gestatten Sie mir, an dieser Stelle be-wusst den Begriff „Vertrauen aufbauen" zu verwenden, denn Smalltalk ist lediglich ein Vehikel, das wir bewusst und aktiv einsetzen, um etwas zu erreichen. Im Kundenkontakt geht es am Ende aber immer um Vertrauen. Als Key Account Manager möchten Sie im Gespräch viele Dinge von Ihrem Kunden erfahren. Stellen Sie sich einmal vor, Sie sitzen im Hotel an der Bar und neben Ihnen sitzt eine attraktive Frau. Sie ergreifen sofort die Initiative mit der Frage „Und welche Zimmernummer haben sie?". Smalltalk ist ein wichtiges

Werkzeug, aber es genügt nicht. Auftritt, Kleidung, das Spiegeln des Gesprächspartners, Gemeinsamkeiten identifizieren … das sind ebenfalls alles Punkte, die eine wichtige Rolle spielen.

2. **Begrüßung, Vorstellungsrunde und Rahmen setzen (Gesprächsziel, Agenda, verfügbare Zeit überprüfen)**
Dieser Punkt hört sich vielleicht etwas banal an, aber die Erfahrung aus den vielen Coachings zeigt, dass wir bis auf den Punkt „Herzlich willkommen" oder eben „Vielen Dank für die Einladung" die weiteren Rahmenpunkte meist zu lax angehen.

- Vorstellungsrunde: Wie stellen Sie sich und Ihr Unternehmen in maximal zwei Sätzen vor? Was zeichnet Sie aus?
- Tipp: Manchmal möchten wir etwas mehr über unser Gegenüber erfahren. Hierbei greift ein Phänomen, das Sie kennen, nämlich der Herdentrieb! Wenn Sie in Ihre eigene Vorstellung beispielsweise etwas zu Ihrem beruflichen Werdegang einbringen, dann ist es durchaus wahrscheinlich, dass sich Ihr Gegenüber ebenfalls dazu äußern wird!
- Tipp: Die Vorstellungsrunde geht durchaus über den Austausch der Visitenkarten hinaus! Starten Sie bereits an dieser Stelle Ihre Power Map-Analyse und versuchen Sie, mehr über die Position und Rolle Ihres Gegenübers zu erfahren. Dazu gehören Nachfragen wie *„Sie berichten an …?"*, *„Gehört Frau Müller auch zu Ihrem Team?"*, *„Wie sind Sie in dieses neue Projekt eingebunden?"* …

3. **Kunde (Ziele, Anforderungen, …)**

4. **Mögliche Lösungsansätze von Ihrer Seite**
Der kritische Erfolgsfaktor in einem Kundentermin ist die Reihenfolge der Schritte 3. und 4. In der Praxis starten wir gerne mit 4. und stellen zuerst unser Unternehmen und unsere Lösungen lang und breit vor. Das einzige, was dabei schon wieder keine Rolle spielt, ist der Kunde. Wenden Sie deshalb die Grundregel „Der Kunde kommt immer zuerst!" an. So können Sie anschließend die Brücke zwischen Ihrem Unternehmen, Ihren Lösungen und dem Kundenunternehmen sowie seinen Anforderungen schlagen. In einem Erstgespräch mit einem neuen Ansprechpartner würde das

bedeuten, dass Sie als Punkt drei den Ansprechpartner bitten, seinen Unternehmensbereich oder seine Abteilung kurz vorzustellen. Anschließend können Sie unter dem Punkt vier gezielt Aussagen des Ansprechpartners aufgreifen und Ihre Präsentation kundenorientiert anpassen.

5. **Zusammenfassung und verbindliche nächste Schritte**
Achten Sie einmal darauf, wie häufig in der Praxis bei diesem Punkt geschlampert wird. In Trainings sehe ich es immer wieder, dass wir ihm nicht genügend Zeit einräumen. Stellen Sie unbedingt sicher, dass alle Beteiligten mit demselben Verständnis aus dem Termin herausgehen.

6. **Smalltalk**
Dieser letzte Schritt in unserer Struktur wird gerne vernachlässigt, da wir gerade im Key Account Management nicht selten schon wieder auf dem Sprung zum nächsten Termin sind. Dabei erfüllt der Smalltalk am Ende eines Gesprächs zwei wichtige Aufgaben:
a) Der erste Eindruck entscheidet, der letzte bleibt. Mit welcher Botschaft möchten Sie den Raum verlassen, um – unabhängig vom Gesprächsinhalt – positiv in Erinnerung zu bleiben!
b) Die etwas lockere Atmosphäre gibt Ihnen noch einmal die Möglichkeit, ein Feedback vom Kunden zum Gespräch einzuholen oder auch Fragen zum Thema Wettbewerbspositionierung oder zum Budget des Kunden zu stellen.

Coachingfrage

• Was können Sie noch konkret an der Struktur und der Agenda Ihrer operativen Termine mit dem Key Account optimieren?

Ihre Unternehmenspräsentation – wenn es denn sein muss

In den meisten Fällen handelt es sich bei den Key Accounts um Bestandskunden. Somit könnte man auch durchaus die Frage stellen, ob es im Key Account Management überhaupt die Notwendigkeit gibt, sein eigenes Unternehmen mittels einer Unternehmenspräsentation vorzustellen? Die Antwort auf diese Frage lautet eindeutig JA! Denn auch bei Bestandskunden gilt es, sich in neuen Unternehmensbereichen, Werken, Landesgesellschaften, Niederlassungen oder Filialen vorzustellen, um Ihr Netzwerk und die Geschäftsbasis zwischen Ihrem und den Kundenunternehmen auszubauen. Fragt man allerdings bei den Kunden nach, dann haben viele eine starke Abneigung gegenüber 30, 40 oder sogar 50 Folien umfassende PowerPoint-Präsentationen. Viele Kunden stimmen diesen Präsentationen dann eher aus Höflichkeit denn aus Interesse zu. Dabei braucht es nur wenige Veränderungen, damit ein Kunde diese Unternehmensvorstellungen als echten Informationsgewinn sieht.

Checkliste: Unternehmen gewinnbringend vorstellen

✓ **Beschränken Sie sich bei Ihrer Präsentation auf maximal fünf Seiten! Alles andere ist ermüdend!**

✓ **Beschreiben Sie Ihr Leistungsangebot auf maximal einer Seite!** Im Idealfall bekommen Sie das sogar in zwei knackigen Sätzen hin.

✓ **Stellen Sie gezielt die Gemeinsamkeiten zwischen Ihren beiden Unternehmen dar wie**
  • Größe des Unternehmens,
  • organisatorischer Aufbau,
  • regionale, internationale oder globale Aufstellung,
  • Positionierung im Markt (Qualitätsführer, Marktführer, …).

✓ **Nutzen Sie vorrangig interne Referenzen.** Bei welchen Abteilungen, in welchen Unternehmensbereichen und Landesgesellschaften waren Sie schon aktiv, und was haben Sie dort gemacht.

✓ **Überlegen Sie sich zu jeder Ihrer Folien eine Frage, die Sie dem Kunden stellen könnten.** So kann aus einem Monolog ein Dialog entstehen, sprich, Sie involvieren den Kunden.

Bei einem meiner Kunden sind wir sogar so weit gegangen und nutzen noch heute nur eine einzige Seite, welche das Leistungsportfolio aufzeigt *und* gleichzeitig als Diskussionsgrundlage mit dem Kunden dient. Die Key Account Manager legen dieses Blatt auf den Tisch und erläutern in drei bis fünf Sätzen das Leistungsportfolio ihres Unternehmens. Anschließend nutzen sie dieselbe Folie, um gezielt mit dem Kunden in die Diskussion zu einzelnen Lösungsbereichen einzusteigen. Das nenne ich kunden- und verkaufsorientiert!

Coachingfragen

- Welche maximal fünf Seiten aus Ihrer Unternehmenspräsentation haben Sie immer dabei, um sich und Ihr Unternehmen bei neuen Ansprechpartnern kurz vorstellen zu können?
- Wie können Sie Ihre Unternehmenspräsentation noch kundenorientierter gestalten?
- Wie können Sie Teile Ihrer Unternehmenspräsentation so nutzen, um mit dem Kunden in einen Dialog zu treten?

Die richtigen Fragen stellen

Haben Sie Kinder im Alter zwischen fünf bis neun Jahren? Dann ist es Ihnen vielleicht auch schon einmal so wie mir gegangen. Sie rufen von unterwegs Zuhause an, um sich nach den Neuigkeiten aus der Familie zu erkundigen. Ihr Kind ist am Telefon, und Sie stellen einige Fragen:

Hey, weg geht es dir?
Antwort: gut.
Und, wie war es im Kindergarten oder in der Schule?
Antwort: gut.
Ist die Mama auch da?
Antwort: ja.

Nach der dritten Antwort kommt man dann so langsam ins Grübeln. Warum spricht er oder sie nicht mit mir? Dieselbe Situation erlebe ich durchaus tagtäglich in meinen Trainings sowie in den Coachings vor Ort beim Kunden. Wir stellen die falschen Fragen und wundern uns, warum der Kunde wieder einmal nichts von sich gegeben hat.

Sie benötigen im Verkauf und Key Account Management lediglich vier **Fragetechniken**, um dieses Problem zu umgehen. Stellen Sie

1. offene Fragen, um Informationen zu erhalten,

2. Alternativfragen, um den Kunden zu lenken,
3. geschlossene Fragen, um eine Bestätigung einzuholen.
4. Nur mal angenommen, ... um eine „Verpflichtung von der andere Seite einzuholen".

1. Offene Fragen, um Informationen zu erhalten

Nur die berühmten *W-Fragen* geben Ihnen die Chance auf Informationen vom Kunden. Dazu einige Praxisbeispiele und Tipps:

- *„Welche **drei** Anforderungen haben Sie an einen Partner im Bereich Projektmanagement?"*
  Durch das Einfügen einer Zahl steigt die Chance enorm, dass Sie auch genau drei Punkte erfahren werden. Sie steuern also den Umfang der Antwort.
- *„Was ist Ihnen **persönlich** bei der Zusammenarbeit mit einem Dienstleiter wichtig?"*
  Das Wort „persönlich" bringt Sie näher an die individuellen Anforderungen und Bedürfnisse, teilweise sogar näher an die Punkte der Zielvereinbarung des Gegenübers.
- *„Wie sieht der weitere Entscheidungs**prozess** aus, nachdem **Sie** die Entscheidung getroffen haben?"*
  Wenn Sie mehr über die Entscheidungsstrukturen in Erfahrung bringen wollen, hat sich die Trennung zwischen Person und Prozess als sehr wichtig herausgestellt. In der Frage steckt die Aussage, dass ich meinen Ansprechpartner wertschätze und durch das neutrale Wort „Prozess" erhöhe ich die Chancen ungemein, dass mein Gegenüber mir mehr Hintergrundinformationen zum Entscheidungsprozess im Unternehmen mitteilt. Die Frage *„Wer ist sonst noch involviert?"* führt nicht selten zu einer Blockade des Gegenübers getreu dem Motto: Ich bin hier der einzig Wahre!
- Achten Sie auf das Fragewort „**Wie**".
  „Wie zufrieden sind Sie mit dem aktuellen Produkt?" ist zwar eine offene Frage, doch führt sie meist nur zu einem ganz kurzen „passt!". In dem vorherigen Beispiel wurde auch das Fragewort „Wie" verwendet, jedoch wurde so eingesetzt, dass es zu einer tiefergehenden Antwort führt.
- Vermeiden Sie „**Warum-Fragen?**"
  Erinnern Sie noch an die Frage Ihrer Eltern *„Warum hast du*

dein Zimmer nicht aufgeräumt?"? Die Frage nach dem Warum löst bei den meisten Menschen eher ein negatives Gefühl aus, da man sich rechtfertigen muss.

• Die letzte Frage.
Haben Sie den Mut und stellen insbesondere bei Erstterminen mit neuen Ansprechpartnern oder am Ende einer Lösungs- oder Angebotspräsentation eine entscheidende Frage: *„Lieber Kunde, wenn Sie unser Gespräch Revue passieren lassen, was spricht aus Ihrer Sicht für unsere Lösung oder für eine gemeinsame Zusammenarbeit?"* Mit dieser Frage werden Sie ein bis maximal drei Punkte vom Kunden erfahren, die für ihn wirklich entscheidend sind und ein Grund wären, mit Ihnen das Geschäft zu tätigen. Diese Punkte können Sie dann direkt in den folgenden Gesprächen, Präsentationen oder auch in der Verhandlung wieder einbringen.

2. Alternativfragen, um den Kunden zu lenken

Stellen Sie sich vor, Sie sind in einem Restaurant und haben gerade Ihren Hauptgang abgeschlossen. Der Kellner kommt zu Ihnen und möchte ein Dessert anbieten. Hier drei alternative Ansätze dafür:

1. *„Möchten Sie noch ein Dessert?"*
2. *„Was für ein Dessert darf ich Ihnen denn noch bringen?"*
3. *„Möchten Sie lieber ein Tiramisu oder eher ein Panna Cotta als Dessert?"*

Sie ahnen es wahrscheinlich schon. Die erste (geschlossene) Frage führt mit hoher Wahrscheinlichkeit zu einem *„Nein, danke!"*. Bei der zweiten (offenen) Frage fangen Sie schon an nachzudenken. Was könnte ich mir denn noch gönnen? Beim Fragetyp 3 (Alternativfrage) lenkt uns der Kellner, und die Option, nichts zu kaufen, ist quasi vom Tisch.

3. Geschlossene Fragen, um eine Bestätigung einzuholen

Geschlossene Fragen sind wichtig, um sich Aussagen vom Kunden bestätigen zu lassen oder auch ganz konkret einen Abschluss zu suchen.

Hier aus meiner Sicht die entscheidende Frage, die am Ende einer Bedarfsanalyse stehen sollte:

„Lieber Kunde, habe ich Sie richtig verstanden, das x, y und z Ihre wichtigsten Anforderungen in diesem Projekt sind?"

4. Nur mal angenommen, ... um eine „Verpflichtung von der andere Seite einzuholen"

Der Kunde bringt Sie etwas unter Druck und fordert ein schnelles Angebot, eine Teststellung oder einen Preisnachlass. Mit der Technik „Nur mal angenommen ..." können Sie sich vom Kunden eine Art Verpflichtung oder Rückversicherung einholen, und die Ersthaftigkeit der Kundenfrage zu überprüfen.

Beispiele:

- *„Nur mal angenommen, wir könnten das Produkt bis zum Termin x liefern. Sind wir dann im Geschäft?"*
- *„Nur mal angenommen, wir finden eine Lösung für den Punkt y. Sind wir dann Ihr Partner für die nächste Serie?"*

Diese vier Fragetypen richtig angewendet reichen völlig aus, um Gespräche zu lenken und jede Informationen vom Kunden einzuholen.

Hier noch ein letzter Tipp von mir: Schreiben Sie sich einmal *vor* Ihrem nächsten Termin Ihre wichtigsten Fragen an den Kunden auf. Sie werden sehen, dass Sie diesen Spickzettel später im Gespräch gar nicht benötigen, Sie aber dennoch die richtigen Fragen stellen.

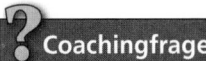

Coachingfrage

- **Wo können Sie Ihre Fragetechniken noch verfeinern?**

Kundennutzen

Auch im Key Account Management gilt, dass Kunden immer zwei Fragen im Hinterkopf haben:

1. *„Was habe ich davon?"*
2. *„Warum soll ich gerade Ihre Lösung kaufen?"*

Um diese Fragen aus Kundensicht gut beantworten zu können, braucht es a) eine gute Analyse der Kundenbedürfnisse und -anforderungen (siehe Fragetechnik) und b) eine kundenorientierte und nutzenorientierte Antwort auf die Anforderungen. Daher hier ein kurzer Exkurs zum Thema Kundennutzen.

Checkliste: Sechs Erfolgsfaktoren zum Thema Kundennutzen

✓ **Ein Nutzen ist nur dann ein Nutzen, wenn dieser vom Kunden wahrgenommen wird!** Die Konsequenz daraus: Sie müssen am Ende des Tages eine Rückmeldung vom Kunden einholen, was er wirklich als Vorteil oder Nutzen wahrnimmt.

✓ **Es gibt im Geschäftskundenumfeld lediglich fünf fundamentale Nutzentypen:**
a) Der Kunde kann mehr Umsatz generieren und damit seinen Gewinn *steigern*.
b) Der Kunde kann Zeit, Ressourcen, Material und damit am Ende Geld *einsparen*.
c) Der Kunde profitiert durch eine *einfache und komfortable* Bedienung, Zusammenarbeit, ...
d) Der Kunde kann sein eigenes *Image* oder seine eigene *Positionierung festigen*.
e) Der Kunde profitiert von einer Investitions*sicherheit*, Liefer*sicherheit*, ...
Als Konsequenz ergibt sich, dass Attribute wie Qualität, Innovationen, ... KEINEN Nutzen darstellen, sondern in Nutzen übersetzt werden müssen!

✓ **Alle fünf Nutzentypen gibt es auf Unternehmens- und auch auf persönlicher Ebene.** Sie bieten beispielsweise qualitativ hochwertige Zulieferteile an, die dazu führen, dass Ihr Kunde seine Produkte hochpreisiger verkaufen kann. Das heißt, das Unternehmen profitiert. Darüber hinaus helfen Sie aber vielleicht auch Ihrem Ansprechpartner beim Kunden (zum Beispiel dem Vertriebsleiter), seine persönlichen Ziele zu erreichen, und helfen ihm somit, einen Bonus zu erhalten. Das heißt, auch er als Person profitiert.

✓ **Jeder Ansprechpartner beim Kunden (siehe Power Map-Analyse) hat individuelle, aber auch funktions- und hierarchiebezogene Interessen!** Die Geschäftsführung interessiert sich beispielsweise primär für mehr Umsatz, eine bessere Positionierung im Markt, den Einstieg in neue Märkte und damit letztlich für mehr Gewinn! Auf der mittleren

Managementebene sind die Ansprechpartner eher für Prozesse verantwortlich und interessieren sich daher stärker für Prozessoptimierungen (Einsparungen) beziehungsweise für die Sicherheit, dass ihr Prozess reibungslos läuft. Auf der Arbeitsebene wiederum geht es um Fragen der Jobsicherheit oder um ein einfaches und komfortables Arbeitsumfeld.

✓ **Jedes Nutzenargument braucht ein „SIE" im Satz.** Beispiele:
a) *„Wir bieten Ihnen qualitativ hochwertige Lösungen und das bedeutet für Sie als Produktionsleiter, dass die Wartungskosten minimiert und Ausfallzeiten reduziert werden."*
b) *„Wir bieten Ihnen qualitativ hochwertige Lösungen und das ist insbesondere für Sie als Produktionsleiter wichtig, weil Sie so Ihre Wartungskosten minimieren und Ausfallzeiten reduzieren können."*

✓ **Echtes „Value Selling" stellt die Königdisziplin dar. Hierbei** *quantifizieren* **Sie den Nutzen und machen somit den Vorteil greif- und berechenbar.** Durch die neue zentrale Bestellungs- und Rechnungsabwicklung reduzieren Sie beispielsweise zukünftig die Anzahl der Eingangsrechnungen um ca. 15 pro Monat. Bei internen Verrechnungskosten von ca. 50 Euro pro Rechnungsvorgang ergibt sich eine Ersparnis für den Kunden von etwa 750 Euro Verrechnungskosten pro Monat.

Coachingfragen

- Ist Ihre aktuelle Kundenkommunikation davon bestimmt, was Sie dem Kunden bieten, oder beschreiben Sie den Nutzen, den er durch Ihre Lösung erhält?
- Haben Sie schon einmal die wichtigsten Nutzenargumente Ihrer Angebote quantifiziert?

Einwandbehandlung

Wenn wir unseren Job als Key Account Manager lehrbuchmäßig erledigen, das heißt die Ziele, Treiber und Bedürfnisse des Kunden klar identifiziert haben und daraus abgeleitet eine perfekt passende, auf den Nutzen des Kunden basierte Lösung anbieten, würde der Kunde immer gleich zuschlagen. Aber im wahren Leben kann es dann doch immer wieder zu sogenannten Einwänden kommen.

Aus meiner Sicht liegt die größte Herausforderung darin, dass wir Einwände sehr häufig als persönlichen Angriff auffassen. Ihr Key Account ist zum Beispiel ein Maschinenbauer, und Sie wollen bei ihm ausgewählte Produkte für einen weiteren Maschinentyp platzieren. Irgendwann kommt es dann zu folgender Aussagen des Kunden: *„Das ist ja alles richtig, aber Ihre Komponenten sind für diesen Maschinentyp viel zu teuer!"* Achten Sie einmal bei Ihrem nächsten Gespräch darauf, was jetzt meistens passiert. Sie neigen nämlich dazu, den Ansprechpartner zu unterbrechen und mit einem *„Ja, aber unsere ...!"* zu antworten. Weder sind das Unterbrechen des Kunden noch ein *„Ja, aber ..."* professionell. Das passiert aber trotzdem, weil Sie das Gefühl haben, sich verteidigen zu müssen.

Deshalb hier eine einfach zu merkende Grundstruktur für eine professionell Einwandbehandlung:

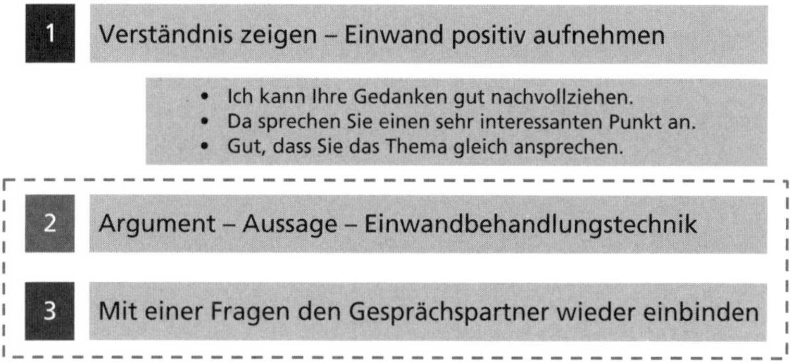

1 Verständnis zeigen – Einwand positiv aufnehmen

- Ich kann Ihre Gedanken gut nachvollziehen.
- Da sprechen Sie einen sehr interessanten Punkt an.
- Gut, dass Sie das Thema gleich ansprechen.

2 Argument – Aussage – Einwandbehandlungstechnik

3 Mit einer Fragen den Gesprächspartner wieder einbinden

Abbildung 14: Einwandbehandlung

Besonders entscheidend sind dabei die Punkte 1 und 3. Für unser Beispiel könnte eine professionelle Einwandbehandlung wie folgt aussehen:

- Kunde: *„Das ist ja alles richtig, aber Ihre Komponenten sind für diesen Maschinentyp viel zu teuer!"*
- Sie (Stufe 1): *„Da sprechen Sie ein wichtigstes Entscheidungskriterium an."*
- Sie (Stufe 2, hier die „Später Technik"): *„Über den Preis möchte ich mit Ihnen sowieso noch sprechen. Bevor wir das gleich detailliert tun, habe ich noch eine Frage an Sie."*

- Sie (Stufe 3): „*Welche Bedeutung hat für Sie das Thema Energieeffizienz der verbauten Komponenten?*"

Jetzt haben Sie den Gesprächsfokus vom Preis wegbewegt und können Ihre Alleinstellungsmerkmale später gezielt ins Spiel bringen und damit (hoffentlich) einen höheren Anschaffungspreis durchsetzen.

 Mein Buchtipp für alle, die sich intensiver mit dem Thema auseinandersetzen wollen:

Gereon Jörn, Verkaufen beginnt beim NEIN.

Kundentermine professionell nachbearbeiten

Der Kundentermin ist beendet, und Sie sind auf dem Heimweg. Meine Empfehlung an alle Key Account Manager lautet: Stellen Sie sich gleich auf dem Heimweg zwei Fragen:

1. „*Was habe ich heute Neues über den Kunden gelernt?*"
2. „*Was habe ich heute im Gespräch richtig gut gemacht und was kann ich beim nächsten Termin verbessern?*"

Die erste Frage ist insbesondere bei den alten Bestandskunden sehr wichtig, da wir gerade bei diesen Key Accounts irgendwann in den Modus verfallen, dass wir ja den Kunden kennen und alles über ihn wissen. Die Gespräche werden dann zunehmend zu Projektabwicklungsgesprächen und die Anzahl der Fragen, die wir zum Kunden, der Organisation oder der strategischen Ausrichtung stellen, werden immer weniger.

Die zweite Frage dient der Selbstreflektion, um kontinuierlich besser zu werden. Stellen Sie sich dabei aber auch immer ganz bewusst die Frage, was Sie im Termin gut gemacht haben. Wir neigen nämlich ziemlich schnell dazu, die vielen negativen Dinge des Lebens aufzuzählen und geraten damit in eine Situation, die Ihrer Selbstsicherheit grundsätzlich und beim Kunden nicht gerade förderlich ist.

Mit einer kurzen E-Mail nach einem Termin können Sie Ihre Professionalität als Key Account Manager unterstreichen. Diese E-Mail besteht im Kern aus drei Botschaften:

1. Danke sagen.
2. Kernbotschaften aufzählen.
3. Aktionspunkte festhalten.

E-Mail nach einem Kundentermin

Sehr geehrter Herr Müller,

vielen Dank noch einmal für das sehr konstruktive Gespräch zum Thema xx heute in xx.

Ich habe aus unserem Gespräch mitgenommen, dass Sie für Ihr Projekt ... eine Lösung suchen, die folgende Eigenschaften erfüllt: ...

Als Aktionspunkte hatten wir gemeinsam festgehalten,

1. Ich schicke Ihnen die Unterlagen xxx bis zum xxx zu.

2. Sie stellen ...

Ich würde mich sehr freuen, wenn wir Sie auch bei diesem spannenden Projekt wieder begleiten dürften.

Mit freundlichen Grüßen,

Ihr Hartmut Sieck

Coachingfragen

- Was machen Sie heute bezogen auf Ihre Terminnachbearbeitung schon richtig gut?
- Mit welchen zwei Punkten können Sie Ihre Nachbearbeitung von Kundenterminen noch weiter verbessern?

4.3 Anfragen bewerten und strategisch verkaufen

„Beantworte keine Ausschreibung,
die du nicht selber geschrieben hast."
(alte Weisheit aus dem IT- und Telekommunikationsumfeld)

Lassen Sie uns wieder in die Welt des Kunden eintauchen. Während wir gern vom Verkaufsprozess reden, spricht der Kunde vorrangig vom Einkaufs- oder Beschaffungsprozess.

Die folgende Abbildung zeigt die wesentlichen Stationen in diesem Kundenprozess auf.

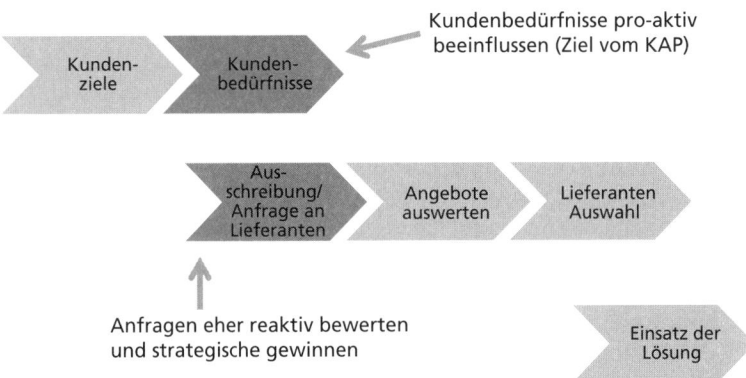

Abbildung 15: Anfragen bewerten und strategisch verkaufen

Ganz am Anfang stehen die Unternehmensziele des Kunden. Diese bilden die maßgebliche Grundlage für sein Handeln. Will er wachsen, eher Kosten sparen oder seinen Heimatmarkt verteidigen? Die Unternehmensziele werden zu Bereichs- und Abteilungszielen und am Ende entstehen daraus Handlungsnotwendigkeiten. Das führt dann zu Anfragen an bestehende Lieferanten oder auch zu öffentliche Ausschreibungen. Nach der Auswertung der Angebote kommt es schließlich zur Auftragsvergabe und endlich zur Umsetzung.

Im idealen Key Account Management würden Sie durch Ihre professionelle Kundenanalyse und Ihr exzellentes Beziehungsnetz sehr frühzeitig in den Beschaffungsprozess des Kunden eingreifen. Es kommt in der Praxis sogar vor, dass Lieferanten die Unternehmensziele ihres Kunden beeinflusst haben. Je früher Sie eingreifen, umso stärker können Sie auf eine Anfrage aktiv Einfluss nehmen und je höher werden Ihre Chancen sein, anschließend auch den Auftrag zu erhalten.

Ich bin ein großer Freund der Fokussierung. Das bedeutet für mich, dass wir im Vertrieb wie auch im Key Account Management nicht jeder theoretischen Gelegenheit (Opportunity) und Anfrage hinterherlaufen, sondern ganz bewusst Prioritäten dabei setzen. Dazu müssen wir allerdings die Anfrage professionell bewerten und dann festlegen, ob und wie wir mit ihr umgehen. Lassen Sie es mich hier noch einmal klar auf den Punkt bringen: Es ist Ihre Entscheidung als Key Account Manager, wie Sie auf Anfragen reagieren. Dazu haben Sie folgende Alternativen:

Wie Sie auf Anfragen reagieren können

1. Die Anfrage wird nicht weiterverfolgt, weil die Gewinnchancen viel zu gering sind. Der Kunde erhält eine höfliche Absage (eher unwahrscheinlich im Key Account Management).

2. Der Kunde benötigt lediglich eine grobe Auskunft für seine eigene Budgetplanung. Daher reicht auch eine grobe Abschätzung aus. Ein ausführliches Angebot wird jetzt noch nicht erstellt.

3. (Die Anfrage wird mit einem Angebot beantwortet.)

4. Die Anfrage ist strategisch sehr wichtig und es gibt eine realistische Chance, den Auftrag zu bekommen. Deshalb erstellen Sie ein Top-Angebot mit ausführlicher Zusammenfassung. Dieses wird auch im digitalen Zeitalter auf Papier gebracht, schön gebunden und persönlich übergeben und präsentiert.

Wie Sie sicherlich gemerkt haben, habe ich die Variante drei in Klammern gesetzt. Mir wäre es am liebsten, wenn wir die Anzahl dieser schmucklosen Standardangebote dramatisch reduzieren würden. Entweder wir wollen den Auftrag, dann aber auch mit Herzblut und vollem Einsatz, oder wir wollen ihn nicht. Die Variante drei ist in der Praxis aber dennoch üblich. Leider!

Checkliste: Kundenanfragen systematisch bewerten

✓ **Kennen Sie das wirkliche Kundenproblem?** Was lässt den Kunden nachts nicht schlafen?
Achtung: Die erste Frage ist schon gar nicht so einfach zu beantworten. Viele meiner Kunden fragen zum Beispiel einfach ein Verhandlungstraining an. Was treibt sie dabei aber wirklich an? Warum gibt es diese Anfrage überhaupt? Nur wenn ich das Kundenproblem wirklich kenne, kann ich auch die richtige Lösung anbieten!

✓ **Welche konkreten Anforderungen** (technisch, kommerziell) **hat der Kunde?**

✓ **Wie lauten die wichtigsten Termine** (Realisierung, Entscheidung, Angebotsabgabe, …)?

✓ **Wie lauten die Entscheidungskriterien (neben dem Preis)?**

✓ **Muss der Kunde überhaupt eine Kaufentscheidung treffen?** Gibt es ein zwingendes Ereignis?

✓ **Wie sieht der Entscheidungsprozess aus?**

✓ **Wer ist in den Kaufentscheidungsprozess involviert?** Achtung: Es geht auch darum, wen wir nicht kennen?

✓ **Wer unterstützt Sie? Wer möchte Sie bei dieser Anfrage eventuell behindern?**

✓ **Was treibt die Ansprechpartner an (ihre Motive)? Wie sind sie untereinander vernetzt?**

✓ **Wie groß ist das Budget des Kunden, und können Sie überhaupt eine Lösung in diesem Budgetrahmen anbieten?**

✓ **Wie sieht Ihre Wettbewerbssituation aus?**

✓ **Falls es dabei einen Wettbewerber zu ersetzen gilt: Wie leicht ist es für den Kunden, einen Lieferanten auszuwechseln?**

Basierend auf dieser Bewertung können Sie dann entscheiden, ob und wie Sie diese Anfrage beantworten möchten. Noch ein Tipp: Bei den Verkaufsstrategien können Sie dann wieder auf die Basisstrategien aus Ihrem Account Plan zurückgreifen.

Coachingfragen

- Wie können Sie Ihr Anfragemanagement noch weiter optimieren?
- Wie häufig erstellen Sie Angebote der Variante 3 (Standard)? Was hält Sie davon ab, noch gezielter, fokussierter vorzugehen?

4.4 Angebotsmanagement

Auch im Key Account Management gilt es, ausgearbeitete Lösungen oder auch einzelne Produkte oder Serviceleistungen dem Kunden anzubieten. Zahlreiche Studien haben die Qualität dieser Angebote und des Angebotsmanagements untersucht. Hier die wichtigsten Ergebnisse daraus zusammengefasst in einer Checkliste:

> **⚠ Checkliste: Worauf Sie beim Erstellen eines Angebots achten sollten**
>
> ✓ **Sehr häufig bemängeln Kunden, dass sie die Angebote von Lieferanten nicht verstehen.** Abkürzungen, Artikelnummer und mehr machen das Leben für den Kunden schwer. Daher:
> - Fügen Sie einen kurzen Abschnitt ein, der die Aufgabenstellung des Kunden beschreibt. So fühlt sich der Kunden verstanden!
> - Erläutern Sie Abkürzungen und Produktnahmen. Nur was der Kunde auch versteht, wird auch kaufen!
>
> ✓ **Heute werden viele Angebote nur noch elektronisch übermittelt. Aber Achtung, denn auch hier gibt es immer wieder kleine Stolpersteine:**
> - Reduzieren Sie die Anzahl der Anlagen. Je mehr Anlagen Ihre E-Mail enthält, je frustrierter wird der Kunde reagieren!
> - Die Praxis zeigt, dass die eigentliche E-Mail später nicht mehr verwendet wird, sondern nur noch die Anlage. Halten Sie daher den Einleitungstext in der E-Mail eher kurz beziehungsweise stellen Sie sicher, dass die wesentlichen Aussagen Ihrer E-Mail auch im beigefügten Angebot enthalten sind.
>
> ✓ **Für Nachbestellungen reicht ein kurzes, knackiges Angebot völlig aus. Werden jedoch komplexe Lösungen angeboten, so kommt einem Abschnitt eine besondere Bedeutung zu, nämlich dem Anschreiben.** In einer Business-to-Business-Studie wurde bereits vor einigen Jahren deutlich aufgezeigt, dass sich 75 % der Kunden eine Zusammenfassung eines Angebots wünschen. Leider zeigt sich in der Praxis, dass viele Key Account Manager immer noch ein Standardanschreiben verwenden. An dieser Stelle die wichtigsten Elemente aus einem Anschreiben:

- Geben Sie dem Kunden bereits auf der ersten Seite das Gefühl, dass er sich wiederfindet (Projektname des Kunden, wichtige Eckdaten der Kundenanfrage, ...).
- Zeigen Sie die Angebotsstruktur auf. Wo findet der Kunde was?
- Worauf möchten Sie den Kunden insbesondere hinweisen (Alternativen oder Optionen im Angebot, ein besonderer Vorteil Ihrer Lösungen, ...)?

✓ **Abgestimmte Angebote:** Insbesondere im internationalen Umfeld des Key Account Managements kommt es immer wieder vor, dass die Landesgesellschaften oder die Account Manager vor Ort Angebote selbstständig für Ihren Key Account erstellen. Leider werden dabei nicht immer die mit der Firmenzentrale vereinbarten Eckparameter eingehalten. Hier helfen nur ein gutes Netzwerk und eine kontinuierliche Kommunikation der Rahmendaten sowie eine klare Aufteilung der Verantwortlichkeiten (siehe RACI).

Die Punkte der Checkliste bezogen sich klar auf die Angebotserstellung. Mindestens genauso entscheidend wie ein gutes Angebot ist jedoch auch die *Nachverfolgung*. Sehr häufig erlebe ich in Coachings folgende Situation. Der Key Account Manager hat in der vergangenen Woche ein Angebot an den Kunden geschickt. Sein CRM-System erinnert ihn heute daran, dieses Angebot nachzufassen. Also greift er zum Hörer und ruft den Kunden an. Den Dialog können Sie sich wahrscheinlich schon ausmalen, oder?

- KA-Manager: *„Ich wollte mal nachfragen, ob das Angebot auch wirklich angekommen ist und ob Sie schon Gelegenheit hatten, es durchzusehen?"*
- Kunde: *„Vielen Dank. Ja, das Angebot ist angekommen und leider nein, ich hatte noch keine Gelegenheit, das Angebot durchzusehen. Wir warten noch auf das Angebot von einem Wettbewerber, bevor wir in den endgültigen Entscheidungsprozess einsteigen."*
- KA-Manager: *„Ok, dann melde ich mich nächste Woche noch einmal."*

Hand aufs Herz: Ist es Ihnen nicht auch schon einmal so ergangen? Hier einige Tipps, damit Ihnen so etwas zukünftig nicht mehr passiert:

1. **Vor der Angebotsabgabe**
Nach der erfolgreichen Konzeptvorstellung endet ein Kundentermin nicht selten mit der Aussage, dass der Kunde gerne ein kommerzielles Angebot dazu hätte. Viele Key Account Manager stellen dann immer noch die Standardfrage *„Wann hätten Sie das Angebot denn gerne?"*. Tun Sie sich einen Gefallen und streichen diese Frage aus Ihrem Repertoire! Fragen Sie stattdessen von hinten nach vorne, wie *„Wann benötigen Sie die Lösung spätestens?"*, *„Wann werden Sie die Entscheidung treffen?"* ... Basierend auf den beiden Antworten schlagen SIE aktiv einen Termin für die Angebotsabgabe vor.

2. **Nach der Angebotsabgabe**
Wenn Sie die beiden eben genannten Fragen gestellt haben, dann haben Sie auch schon gleichzeitig in Erfahrung gebracht, wann es sich lohnt, beim Kunden wieder anzurufen. Natürlich können Sie gleich einen Tag nach der Angebotsübersendung den Kunden anrufen und nachfragen, ob das Angebot angekommen ist. Auch in digitalen Zeiten muss nicht jede abgesendete Botschaft auch wirklich ankommen! Die eigentliche Angebotsnachverfolgung erfolgt dann aber kurz vor der Entscheidung des Kunden. Diesen Termin haben wir ja bereits im Kundengespräch aktiv erfragt (siehe 1.). Jetzt können Sie sicher sein, dass sich Ihr Kunde auch mit Ihrem Angebot befasst. Sie können noch Fragen des Kunden beantworten oder ihn gezielt auf wesentliche Punkte im Angebot aufmerksam machen.

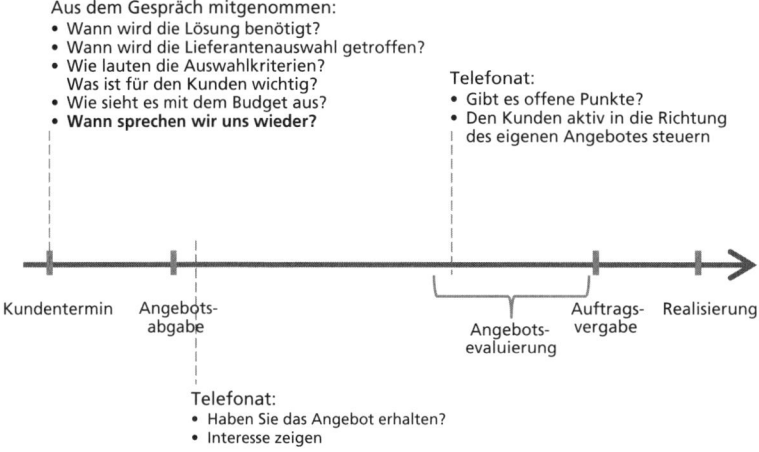

Aus dem Gespräch mitgenommen:
- Wann wird die Lösung benötigt?
- Wann wird die Lieferantenauswahl getroffen?
- Wie lauten die Auswahlkriterien?
Was ist für den Kunden wichtig?
- Wie sieht es mit dem Budget aus?
- **Wann sprechen wir uns wieder?**

Telefonat:
- Gibt es offene Punkte?
- Den Kunden aktiv in die Richtung des eigenen Angebotes steuern

Kundentermin   Angebots-   Angebots-   Auftrags-   Realisierung
abgabe   evaluierung   vergabe

Telefonat:
- Haben Sie das Angebot erhalten?
- Interesse zeigen

Abbildung 16: Angebotsmanagement

Coachingfragen

- An welchen Stellen können Sie Ihre Angebote noch kundenorientierter gestalten?
- Wie gut sind Ihre Angebotsanschreiben?
- Fassen Sie Ihre Angebote nach? Und wenn ja, tun Sie es zum richtigen Zeitpunkt?

4.5 Verhandlungen

Kennen Sie den Unterschied zwischen feilschen und verhandeln? Hier ein einfaches Beispiel aus dem privaten Umfeld. Sie besuchen am Abend eine Pizzeria und freuen sich dort schon auf Ihre Lieblingspizza Quattro Stagioni. Die Pizza kommt und Sie stellen leider fest, dass es sich eher um eine Cinque Stagioni handelt. Denn heute erhalten Sie ohne Mehrpreis auch noch ein langes blondes Haar auf der Pizza dazu. Sie sind nicht wirklich begeistert und fordern vom Restaurantbesitzer nicht nur eine neue Pizza, sondern auch einen Schadenersatz. Wie wahrscheinlich ist es, dass Sie eine Schadenersatzforderung von fünf Euro durchbekommen? Nicht sehr wahrscheinlich, oder? Würden wir uns jetzt nur auf den Geldbetrag fokussieren, so enden wir in einer Feilscherei. Sie sagen fünf Euro, er sagt ein Euro, und Sie landen am Ende in der typischen Mitte. Viel erfolgsversprechender ist aber ein anderer Ansatz. Anstelle der fünf Euro fragen Sie nach einem Espresso für sich und Ihre Begleitung. Der Wert der beiden Espressi dürfte laut Speisekarte bei fünf Euro liegen. Das entscheidende ist jetzt aber, dass der Wert der Espressi für den Restaurantbesitzer weit darunter liegt. Seine Kosten dürften eher bei 50 Cent liegen. Mit diesem Ansatz fangen Sie an zu verhandeln. Das heißt, Sie nutzen Verhandlungsoptionen und -pakete, die ein unterschiedliches Preisschild für die beiden Parteien haben und vermeiden dadurch das klassische Preisgeschachere. Wenn ich Unternehmen in Verhandlungsgesprächen begleite, muss ich leider immer wieder feststellen, dass wir auch im Key Account Management meisten eher feilschen und weniger verhandeln.

Verhandeln und nicht feilschen

Damit Sie aber verhandeln können, gilt es bereits im Vorfeld, eine Liste mit möglichen Verhandlungspunkten und -optionen auszuarbeiten. Nur wenn Sie sich vor einer Verhandlung darüber Gedanken gemacht haben, können Sie die Optionen in der Verhandlung auch ziehen. Spontanes verhandeln erzielt in der Regel nicht die besten Ergebnisse!

Schritt 1: Überlegen Sie sich mögliche Optionen, die Sie einfordern oder auch geben können

Hier einige Beispiele möglicher Verhandlungsoptionen:

Punkte, die wir geben könnten	Punkte, die wir einfordern könnten
• Kostenlose Produkte (Naturalrabatt) • Verlängerte Zahlungskonditionen • Kostenlose Belieferung • Keine Mindestbestellmengen	• Weitere Artikel, Serviceleistungen liefern • Verkürzte Zahlungskonditionen • Nur eine Bestellung pro Monat

Punkte, die wir geben könnten	Punkte, die wir einfordern könnten
• Kostenfreies Training • Monatliche Auswertung der Abrufe aus den internationalen Tochtergesellschaften des Key Accounts (besonders dann interessant, wenn der Zentraleinkauf selbst keinen Durchgriff in seiner Organisation hat) • Bonusvereinbarung für den Zentraleinkauf • Kostenlose Teststellung von weiteren Produkten	• Bessere oder regelmäßige Abstimmungsgespräche über Abnahmemengen (Forecast) • Kontaktanbahnung zu einem weiteren Ansprechpartner im Key Account Unternehmen • Möglichkeit, den Kunden als Referenz nutzen zu können • Möglichkeit,, sich und die eigenen Lösungen auf einer internen Veranstaltung des Key Accounts vorstellen zu dürfen

Schritt 2: Bewerten Sie das Preisschild für die jeweiligen Seite

Idealerweise würden Sie in Ihrem Unternehmen eine Liste mit allen möglichen Verhandlungspunkten bereits vorliegen haben. Welche Punkte Sie in einer Verhandlung wirklich nutzen können, hängt vom jeweiligen Key Account-Kunden ab. Dazu einige Beispiele:

• Zahlungskonditionen: Vielleicht sind diese bereits im Rahmenvertrag fest verhandelt, d. h. Sie können sie gar nicht in einer Projektverhandlung als Option aufrufen.

• Forderung nach weiteren Artikeln: Sie liefern beispielsweise Kabel an Ihren Key Account Kunden und wissen, dass er auch Stecker benötigt. Bisher hat er die Stecker von einem anderen Lieferanten bezogen. Da der Kunde die Stecker sowieso benötigt, ist er vielleicht auch dazu bereit, bei Ihnen diese Zusatzartikel zu bestellen. *„Unter der Voraussetzung, dass wir auch die Artikel a und b an Sie liefern dürfen, wäre ich bereit, den Preis für das angebotene Produkt c um x% zu reduzieren."* Fährt der Kunde aber eine Zwei-Lieferanten-Strategie oder kann aus verschiedenen Gründen Ihnen die Stecker gar nicht zugestehen, so wäre die eben ausgearbeitete Option wertlos.

Schritt 3: Kombinieren Sie die Verhandlungsoptionen und gestalten Sie Pakete

Nachdem Sie die Optionen herausgearbeitet haben, die Sie bei Ihrem Key Account auch wirklich anwenden können, gilt es daraus nun Verhandlungspakete zu schnüren und auch in eine Reihenfolge zu bringen. Hier zwei Beispiele:

- Verhandlungspaket: Sie kombinieren die Anzahl der Artikel mit den Zahlungskonditionen. *„Unter der Voraussetzung, dass wir noch die Artikel d und e liefern dürfen, kann ich Ihnen eine Verlängerung der Zahlungskonditionen von ... auf ... anbieten!"*
- Reihenfolge: Es wäre ideal, wenn Ihnen der Einkäufer noch einen Kontakt zu einem Ansprechpartner in einer anderen Niederlassung des Kunden herstellen könnte. Das sollte für den Einkäufer ein leichtes sein. Daher verschießen Sie diese Pulver nicht zu früh in der Verhandlung, sondern heben sich diese Forderung für ganz zum Schluss auf.

Und noch ein Tipp: Vergessen Sie das Preisschild nicht! Einkäufer müssen ihrem Chef am Ende immer aufzeigen können, was sie aus einer Verhandlung herausgeholt haben. Daher vergessen Sie bitte nicht, ein Preisschild an alle Zugeständnisse zu kleben, zum Beispiel:

- Ohne Preisschild: *„Sie erhalten von uns kostenfrei ein Training für Ihre Servicetechniker."*
- Mit Preisschild: *„Sie erhalten von uns kostenfrei ein zweitägiges Training für Ihre Servicetechniker im Wert von 3.500 €."*

Coachingfragen

- Blicken Sie noch einmal auf Ihre letzten Verhandlungen. Haben Sie wirklich verhandelt oder feilschen Sie noch?
- Welche Verhandlungsoptionen können Sie zukünftig noch stärker nutzen?

Professionell vorbereiten

Der Erfolg einer Verhandlung steht und fällt mit Ihrer Vorbereitung. Daher hier eine Checkliste, wie Sie sich professionell auf eine Verhandlung mit Ihrem Key Account Kunden vorbereiten können:

Checkliste: Eine Verhandlung mit einem Key Account vorbereiten

✓ **Wie lautet Ihr konkretes Verhandlungsziel?**
Viele Account und Key Account Manager setzen sich leider *kein* konkretes Verhandlungsziel, sondern haben lediglich den Angebotswert und ihre Untergrenze im Kopf. Fokussieren Sie sich nur auf Ihre Untergrenze, werden Sie eher ein schlechtes Ergebnis erzielen. Der Angebotswert selbst kann aber in der Regel nicht 1:1 durchgesetzt werden. Je klarer Sie sich bei Ihrem Ziel sind, je eher werden Sie dieses auch erreichen!

✓ **Wie lautet Ihre Untergrenze bzw. Ihr „Walk-away"?** Wann beenden Sie die Verhandlung und steigen aus?

✓ **Mit wem verhandeln Sie auf der Kundenseite?** Was wissen Sie über deren Verhandlungsstil, seine Persönlichkeits- und Verhaltungsstruktur?

✓ **Wenn von Ihrer Seite mehrere Teilnehmer bei der Verhandlung dabei sind, wer übernimmt welche Rolle in der Verhandlung?** Wer führt die Verhandlung? Wer reagiert auf welche Fragen oder Aussagen des Kunden?

✓ **Welche zusätzliche Verhandlungspunkte und -optionen können Sie in die Verhandlung einbringen** (siehe die ausgearbeiteten Punkte weiter oben)?

✓ **Welche Alternativen hat Ihr Kunde?** Muss er sich für Sie entscheiden oder könnte er auch eine Alternativlösung einsetzen? Wenn es eine Alternativlösung gibt, welche Vor- und Nachteile hat diese?

✓ **Welche Einwände könnten von der Gegenseite kommen?** Beispiel: „Ihre Lieferzuverlässigkeit im letzten Jahr war ja nicht gerade berauschend!" Wie reagieren Sie auf diese Einwände?

✓ **Zahlen – Daten – Fakten:** Welche Dokumente benötigen Sie für die Verhandlung? Gibt es beispielsweise einen Rahmenvertrag, welcher die Grundlage für die Verhandlung darstellt?

✓ **Warum Sie und Ihr Unternehmen?** Diese Frage ist absolut erfolgskritisch! Wenn Sie diese Frage nicht eindeutig und klar beantworten können, wird die Verhandlung ziemlich unangenehm und vor allem preisfokussiert. Für eine Antwort auf diese Frage können Sie auf die „Unique Value Proposition" aus der Blauen-Ozean-Technik zurückgreifen.

Coachingfrage

• Wie können Sie Ihre Verhandlungsvorbereitung noch weiter optimieren?

Fünf Grundregeln für erfolgreiche Verhandlungen

Gestatten Sie mir an dieser Stelle, Ihnen noch einige einfache Grundregeln mit auf den Weg zu geben:

1. **Keine Leistung ohne Gegenleistung!**
   Der Kunde fordert noch einmal 5 % Nachlass? Nun gut, aber was bekommen Sie dafür? Mehr Menge, zusätzliche Artikel oder vielleicht auch einfach eine Reduzierung der Leistung, die Sie erbringen müssen. Wenn Sie dem Kunden etwas zugestehen, muss auch etwas für Sie drin sein!

2. **Wenn Sie nicht bereit sind, ein Geschäft zu verlieren, können Sie keine Verhandlung gewinnen!**
   Wenn Sie in eine Verhandlung mit der Einstellung gehen, dass Sie das Geschäft heute auf alle Fälle brauchen, werden Sie nie das optimale Ergebnis erzielen können. Da gerade im Key Account Management langfristige Geschäftsbeziehungen angestrebt werden, ist die Versuchung meist sehr groß, zu schnell nachzugeben!

3. **Sagen Sie immer Ja zu Ihrem Kunden. Aber Ja zu Ihren Bedingungen!**
   Der Kunde möchte einen fünfprozentigen Nachlass. Sagen Sie Ja, aber zu Ihren Bedingungen. *„Unter der Voraussetzung, dass Sie dieses Jahr eine Menge von x abnehmen, bin ich bereit, Ihnen 5 % Nachlass zu gewähren!"*

4. Bedingungen immer zuerst nennen!

Stellen Sie sich vor, Sie verhandeln telefonisch (aus dem Auto heraus) mit Ihrem Key Account eine Nachbestellung. Der Kunde fragt nach einem Nachlass, und Sie sagen zu ihm: *„Ja, Sie erhalten von mir die 3 % Nachlass, wenn ...".* Mist! Sie sind gerade in einen Tunnel gefahren, und die Verbindung bricht ab. Nach dem Tunnel rufen Sie schnell beim Einkäufer an, um Ihren Satz noch zu beenden. Sie kommen aber gar nicht dazu, weil der Einkäufer Ihnen gleich entgegnet: *„Besten Dank für das Entgegenkommen. Die Bestellung ist schon raus!".* Nennen Sie immer zuerst Ihre Forderung und anschließend Ihr Entgegenkommen. *„Unter der Voraussetzung, dass Sie die Beauftragung noch heute auslösen, bin ich bereit, Ihnen 3 % Nachlass zu gewähren!"*

5. Jedes Zehntel zählt!

Haben Sie sich schon einmal überlegt, wie viel mehr Sie verkaufen müssen, um einen Preisnachlass zu kompensieren? Sie haben beispielsweise heute einen Deckungsbeitrag von 30 %, und Ihr Einkäufer fordert mal eben schnell 10 % Nachlass. In diesem Fall müssten Sie 50 % (fünfzig!!!) mehr Volumen verkaufen, um am Ende denselben Deckungsbeitrag zu erzielen! Daher: In einer Verhandlung geht es auch um jede Nachkommastelle. Jedes Zehntel mehr oder weniger führt direkt zu mehr oder weniger Gewinn!

Coachingfrage

- Wie können Sie mithilfe der fünf Grundregeln Ihre eigene Verhandlungskompetenz noch weiter ausbauen?

 **Buchtipp**

Jack Nasher, Deal! Du gibst mir, was ich will (gerne auch als Hörbuch genießen). Es ist voll mit Praxisbeispielen und Tipps und wunderbar zum Anhören geeignet.

Das muss noch gesagt werden

Vielen Dank, dass Sie dieses Buch gelesen und sich intensiv mit den Aufgaben, Rollen und Werkzeugen eines Key Account Managers befasst haben. Bleiben Sie neugierig und versuchen Sie kontinuierlich, jede Woche etwas Neues über Ihren Key Account zu erfahren! Tappen Sie nicht in die Falle eines lang verheirateten Ehepaares, dass sich nach all den Jahren nichts mehr zu sagen hat, weil man ja den anderen so gut kennt. Ihr Key Account ändert sich stetig! Stellen Sie sich einmal im Jahr bewusst die Frage nach den drei größten Veränderungen beim Kunden innerhalb der letzten 12 Monate. Ich wünsche Ihnen, dass Sie am Ende Ihren Kunden besser kennen, als er sich selbst. So werden Sie zu einem unersetzbaren Partner.

Als Leser dieses Buches erhalten Sie auf alle Downloadprodukte auf meiner Website einen Nachlass von 50 %. Das heißt, wenn Sie eine fertige Key Account Plan-Vorlage in deutscher oder englischer Sprache oder auch weitere Checklisten und Werkzeuge für Ihr Key Account Management und Ihren Vertrieb suchen, dann schauen Sie einfach mal vorbei unter:

www.downloadshop.sieck-consulting.de

Haben Sie Fragen oder Anregungen zum Thema?
Gerne stehe ich Ihnen per E-Mail unter h.sieck@sieck-consulting.de zur Verfügung.

Viel Freude im Key Account Management wünscht Ihnen

Hartmut Sieck

Stichwortverzeichnis